朱孝安◎著

决定你财富人生
的36堂课

财商

FINANCIAL

QUOTIENT

中国财富出版社有限公司

图书在版编目（CIP）数据

财商：决定你财富人生的36堂课 / 朱孝安著. — 北京：中国财富出版社有限公司，2020.6

ISBN 978-7-5047-7157-5

Ⅰ. ①财… Ⅱ. ①朱… Ⅲ. ①财务管理—通俗读物 Ⅳ. ①TS976.15-49

中国版本图书馆 CIP 数据核字（2020）第 086070 号

策划编辑 郑晓雯	**责任编辑** 张冬梅　郑晓雯			
责任印制 尚立业	**责任校对** 卓闪闪		**责任发行** 白　昕	

出版发行	中国财富出版社有限公司		
社　　址	北京市丰台区南四环西路 188 号 5 区 20 楼	**邮政编码**	100070
电　　话	010-52227588 转 2098（发行部）	010-52227588 转 321（总编室）	
	010-52227588 转 100（读者服务部）	010-52227588 转 305（质检部）	
网　　址	http://www.cfpress.com.cn	**排　　版**	北京贝壳互联科技文化有限公司
经　　销	新华书店	**印　　刷**	天津雅泽印刷有限公司
书　　号	ISBN 978-7-5047-7157-5 / TS·0104		
开　　本	880mm×1230mm　1/32	**版　　次**	2020 年 12 月第 1 版
印　　张	8.75	**印　　次**	2020 年 12 月第 1 次印刷
字　　数	147 千字	**定　　价**	68.00 元

前　言

在关于个人能力的综合表述上，人们通常会提到一些最基本的概念，比如智商和情商。智商是一个硬件，多数人的大脑配置都差不多，很少有人会在智商上对其他人造成碾压。换句话说，智商上的优势在很多时候都不会很明显。情商是一种社会交际能力和情绪控制能力，主要包含五个方面：了解自身情绪、管理情绪、自我激励、识别他人情绪、处理人际关系。情商在个人的成功因素中占据了比较大的比例，一般来说，情商比较高的人，往往更容易调动身边的资源为自己服务，也更能巧妙地处理社会关系，应对生活和工作危机。因此，一个人能力的高低更多地体现在情商上。

不过在谈到智商和情商等概念时，人们往往会忽略一个更重要的内容，那就是应对财富、管理财富、驾驭财富的能力，这种能力往往决定个人经济水平及生活水平的高低，影响个人的生活模式、社会地位、幸福指数以及生活态度。

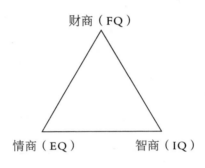

财商+情商+智商=人生成功铁三角

美国作家、著名财商教育专家罗伯特·清崎在《富爸爸穷爸爸》中谈到了这种驾驭和管理财富的能力，他还为这种能力起了一个很有趣的名字——**财商**。关于财商的概念，人们可以理解为个人对待财富的态度和方式。财商高低的一个重要评判方式，就是**看一个人是为钱工作，还是让钱为他工作。**

某地的农民都在种植杨梅，其中一个农民率先做出改变，他每年从其他农民那儿收购大量的杨梅，然后贩卖到外地，结果收入比其他农民都要高。而另一个农民也嗅到了商机，他雇用一批人来帮自己收购杨梅，又成立了一家杨梅加工厂。为了提升工厂产量，他请了20多个当地人加工制作杨梅干和杨梅罐头，结果几年时间就成为当地知名的致富能手。

第一个农民通过贩卖杨梅的方式积累财富，财商比普通的种植户要高一些。但是第二个农民的财商比第一个农民更高一级，他不仅聘请他人为自己收购杨梅，还办厂加工杨梅，这样就使得利润进一步增加。在这个过程中，他实际上是通过投资（办厂的钱、购置机器的钱、雇用员工的工资）来盈利，也就是让钱为他工作。而普通的种植户则是为钱工作，通过付出自己的劳动和时间，来获得相应的报酬。不同的财商水平，决定了不同的思维方式；而不同的思维方式，则注定会产生不同的经济收益。

在现实生活中，类似的现象非常普遍。人们经常会问，为什么有的人很富有，而且每年都可以挣到一大笔钱，而有的人只能艰难度日，或者守着自己的小家业止步不前？其实原因就在于财商的高低。

财商高的人对于财富的认知更加透彻，对财富的支配也更为合理，从而实现资源的效用最大化，最终完成财富的积累。而财商低的人则始终处于用时间挣钱、四处忙碌奔波的状态，他们在大多时候都被钱紧紧束缚住，个人的时间、精力，甚至情感表达都不自由，而考虑到每个人的时间和精力都是有限的，财商低的人的收益自然也不会太多。

严格来说，财商的高低与财富的多少并没有直接关系。一个身家千万元的人虽然在多数人眼中算得上是有钱人，但这笔钱可能来自运气，或者来自家族继承。假如这个人是一个纨绔子弟，每天只知道花钱，没有任何挣钱的技能，也没有任何合理支配财富的能力，虽然拥有一大笔财富，但是并不代表他的财商就很高，反倒说明这个人的财商很低。所以说，真正能够体现一个人财商水平的，主要在于他是否可以最大限度地使自己的财富增值。

比如人们经常会面对这样一个老套的问题。

某一天，你突然拥有两个财富选择：第一个选择是直接拿到100万元；第二个选择是在两个盒子中挑选一个盒子打开，其中一个盒子装着价值1亿元的支票，另一个盒子则是空荡荡的，一文不值。

在面对这样的选项时，大部分人可能会选择第一个，那就是直接拿走100万元，毕竟这样做就可以直接得到100万元，不用承担任何风险。第二个选择虽然非常诱人，但是拿到这笔钱的可能性只有50%。如果运气不好的话，一分钱也得不到，与其承担这样的风险，还不如求稳。另一些人则认为，1亿元比100万元的价值高太多了，有必要为了50%的概率拼一下，如果运气好的话，就会成为亿万富翁，一辈子吃穿不愁。

对于真正懂得驾驭财富的人来说，他们肯定会选择第二个，当然他们之所以做出这种选择不是为了赌一把，而是要利用这个机会使财富继续增长。

比如财商高的人在做出第二种选择之后，并不会打开盒子，而是将选择盒子的权利转售给其他人，他可以和对方约定，转售价最少为100万元。如果对方打开盒子一无所获，那么自己收100万元；如果对方打开了装有1亿元支票的盒子，那么双方将平分这1亿元。对于财商高的人来说，他们总有办法使自己现有的资源拥有更大的效益和价值。

本书从日常生活案例出发，通过一些相关理论，重点介绍财商的价值和作用。书中的文字比较通俗易懂、深入浅出，逻辑也比较清晰，非常适合大众阅读。不过需要注意的是，如果读者试图通过阅读本书就轻松实现财务自由，这是不现实的，无论哪本书都无法取代人们在日常生活中的基本操作。

实现财务自由本身非常困难，但读者可以从书中获得一些好的建议，了解一些更加专业的经济学知识，掌握相关的创业技巧和投资方法。当然本书也有一些局限性，每位读者或许只能从书中学到一小部分适合自己的理论，或许会发现在现实操作中运用这些理论还有困难。本书只是提供了一些基本的思路和知识点，至于读者能否学会如何投资、如何管理和驾驭财富，则需要看其是否能掌握更为巧妙的现实处理方法，以及对相关知识的消化和吸收情况，有时候也需要通过阅读其他同类型书籍或者一些经济学读本来丰富和整合自己的知识。

因此，作者希望每一位读者都可以从本书中获得自己想要的知识，而不是追求一次性掌握实现财务自由的秘诀。

目　录

| 目 录 |

课前阅读

   ● 为什么有的人能实现财务自由，有的人却每个月都捉襟见肘？

2019年的胡润全球富豪榜中，亚马逊创始人杰夫·贝佐斯以9900亿元的资产排名第一。在国内也有马云、马化腾等顶尖企业家，凭借几千亿元的身家轮流坐上中国首富排行榜的头把交椅。大多数人都渴望变成有钱人，但是对成为像贝佐斯或者马云那样的人物，还是不敢多想的。用一句比较流行的话说，"只要实现财务自由就行"。

那么，什么是财务自由？财务自由是指一个人不需要为了日常的生活开销而努力"为钱工作"，即一个人所拥有的资产产生的收益，等于或大于其日常开支。这样的生活状态，被称为财务自由。

简单地说，就是想花钱的时候有钱花，没工作的时候也不发愁。而不同地方的财务自由标准也是不同的，在北京、上海，拥有1千万元的身家也不敢说实现了财务自由，因为一套房子可能就不止1千万元了。但是在小城市里，拥有1千万元的家庭就属于比较富裕的了。

虽然实现财务自由是一件不那么容易的事情，但还是有很多人成为幸运儿。这些人一般都拥有稳定且可观的收入。

"稳定"代表了他们每一年都可以获得一定数额的收入，这笔收入往往不会受到客观因素太大的影响。就以大学教授来说，一些资历很深、能力很强的大学教授，每年都有不菲的收入，这些收入在未来十年、二十年都是比较稳定的。

"可观"则代表了收入的数额比社会平均收入要高出不少，如金融、法律以及医学等领域的人才，收入往往都会比较高。这种高收入表明他们的社会地位、职业素养、工作能力要比一般人更高。比如很多人都想当医生，而在医生群体中，牙医比较吃香，因为牙医的收入在整个医生群体中算是比较高的。一些拥有私人诊所的牙医，年收入几十万元的也非常普遍，而对于普通人来说，这笔钱就非常可观。

稳定且可观的收入，对于职业属性的要求还是比较高的，除了职业相对稀缺、社会需求量大、市场潜力比较大之外，这些职业的财富创造能力更强，可以为社会、为企业创收。

人们在大学毕业之后，往往最先考虑的是找什么类型的工作，因为不同职业属性的市场需求其实是不一样的，收入也会存在差异。有些工程师进入华为公司、腾讯公司或者阿里巴巴集团，年薪几十万、上百万元，而进入一家普通的小企业上班，年薪则相对较少。从某种层面来说，职业属性增加了一批人想要实现财务自由的难度。在后文中，笔者会具体讲到如何通过"职业转变"来增加实现财务自由的可能性。

除了拥有一份有前途的职业之外，投资也是实现财务自由的关键，或者说投资在多数时候也是成功者的秘密武器。

张先生在北京一家外贸公司上班，每个月的工资是1.5万元。这样的工资在北京并不是特别高，但是张先生活得非常潇洒，每个月都出去旅游，购买了几十万元的汽车，还打算在北京四环附近全款购买一套房子。

依靠每月1.5万元的工资想要在北京购买房子有一定难度，而张先生之所以可以全款购房，主要在于其投资收入不菲。作为北京大学的高才生，他在十几年前就在中关村一家科技公司入股5万元，如今这家公司的市值突破了20亿元，而张先生所持有股份的估值已经达到4000多万元。他在如今就职的这家外贸公司也有一定的股份，年底的分红和奖金加起来也高达上百万元了。由于投资有道，张先生根本不用担心工资不高会对生活造成什么负面影响。

投资是最佳、最快的资本增长之道。如果对那些富豪的财产比例进行分析，就会发现投资占了很大一部分。成功者的致富秘诀中，往往都有着投资的身影，相比于踏踏实实工作，投资带来的收益更加显著。而穷人往往害怕投资，他们更习惯于寻求一份工资不高但稳定的工作，更谨慎地支配自己的资金，不会轻易冒险投资。

有一对来自河南的夫妻在南京工作超过十五年，可是至今存款仍旧只有五位数。夫妻两人都在同一家装修公司上班，每月的工资加起来差不多1.3万元，扣除房租、两个孩子的学杂费、日常生活开销之外，基本上剩不了多少钱。

两个人也想过换一份更有前途的工作，或者想办法增加收入来源，但是在每个月都需要花钱的情况下，他们根本不敢换工作，也不敢进行投资，因为任何一次失误都可能会使家庭陷入困境。正因为如此，这个家庭十几年来一直处于经济紧张的状态。

有人会认为只要创业就一定可以实现财务自由，但问题在于人们只看到那些成功的创业者的光鲜，没有看到更多失败的创业者的处境。创业能够增加实现财务自由的可能性，但并非绝对。

明先生在东莞有一家生产摄像头外壳的工厂，虽然公司每年都有几百万元的营业额，但是利润微薄，而工人工资、材料成本、厂房租金逐年上涨。随着这几年国家经济开始转型，一些传统的经济模式和企业被逐步淘汰，珠江三角洲地区的许多企业都逐渐因为高成本而倒闭，明先生也非常担心自己的工厂在某一天因突然接不到订单而关门。

自从创业以来，他根本不敢乱花一分钱，每天都在计算着应该如何确保资金运转不会出现问题。对他而言，财务自由只是一个梦想。

归根结底，一个人是否实现了财务自由，主要在于他是否拥有足够支配日常开销的资金。每个人或者每个家庭都应该有一个资金池。财务自由的个人或者家庭在资金池中的资金很充足，而且有源源不断的资金流进来；而生活窘迫的个人或者家庭，可能流出去的资金很多，流进来的资金很少，而整个资金池中的资金原本也只有一点，甚至没有富余。

● 你是一个有野心的人吗？

一位法国富翁在临死前订立了一份特别的遗嘱，遗嘱的内容是一个问题："穷人最缺什么？"富翁留下了几百万法郎作为给出正确答案的人的奖励。这份遗嘱面向全世界，任何人都可以对遗嘱中所提的问题进行解答。而在众多答案中，只有一位小女孩给出了正确的答案——野心。

在多数人的认知中，野心是一个贬义词，它往往代表贪婪的欲望，代表不择手段的处事方法。无论是对财富的追求还是对权力的渴望，野心常常都让人感到不适。正因为如此，当人们谈到野心的时候，都是以一种贬低性的口吻来描述的。可事实上，正如这位法国富翁所想，真正的有钱人大都野心勃勃。

某电子公司虽然在营收方面还算不错，但是和行业内其他顶尖的竞争对手相比，还有很大的差距。公司股东对于现状有些不满，觉得公司还可以做到更好。不久之后，公司要选拔新的CEO，向来追求稳健的那一批高管都被股东排除在外，而一位刚担任销售副总不久的年轻人很快获得了大部分股东的青睐，原因在于这位年轻人在管理二级部门业务的时候就设立了几个目标："我们要成为全行业排名第一的公司。""如果只想着把销售额做到20亿元，那么我们的公司最多只能再存活10年；如果想着如何做到200亿元，那么我们的公司将有机会存活50年以上，甚至成为百年企业。"

许多人都觉得股东在玩火自焚，让这样一个喜欢做白日梦的年轻人担任CEO，无疑会让整个企业走向失败。但在股东看来，公司在过去十几年的发展中一直不温不火，缺乏一种干大事的魄力，或者说缺乏野心，如今公司需要改变，而让一个有野心、有追求的人管理公司，无疑会为公司注入更强大的发展动力。

事实也证明了股东的眼光，当这个"爱吹牛"的年轻人担任CEO之后，公司就进行了一系列调整，原本一些保守的项目被取消大半，开始着手开发一些市场容量更大的项目，并且设立了5年、10年和20年的发展目标，争取使企业发展达到一个更高的层次。在这个年轻人担任CEO的第3年，公司的营收就翻了4倍，利润翻了6倍，公司从过去行业排名100名开外，直接跻身于行业30强。股东相信，再过几年时间，这家公司一定可以成为行业内顶尖企业之一。

如果对世界上那些伟大的投资者、企业家进行分析，就会发现这些人野心很大，他们对于财富的渴求度和认知度高于常人，对于财富的需求也高于常人。面对财富，他们有自己独到的见解，只有这样的人才能打造出一家强大的企业，才能拥有驾驭财富的强大能力。

一个人是否成功主要看人的品行如何，而有野心并不完全是坏事，有野心的人往往对财富有着更为敏锐的认知和坚持，对追求财富有更加宏大而长远的规划。没有野心的人做事看3年，有野心的人可能会看到往后的30年甚至50年；没有野心的人把财富当成生活的必需品，他们需要靠钱来生活，而有野心的人将财富看作另一种生活形态，他们追求的不再是单纯的数字，而是一种生活境界，数字的大小并不会对他们产生什么影响。

如果没有野心，财富的倍增也许只是简单的"1加1等于2"，而不是"5加5等于10"，更不是"9乘以9等于81"。一个人的心有多大，舞台就有多大；一个人的心有多远，他就能走多远。财富的倍增是需要野心来支撑的，当一个人意识到自己能挣500万元的时候，绝对不会满足于只挣50万元。如果没有野心，也就没有欲望，财富体系的规模会小很多，人们实现财富倍增的动力也就不存在了。从这个角度来说，野心其实是拥有巨大财富不可或缺的因素之一。

如果一个人有100万元闲余资金，准备用其中一半去创业或者投资，那么多数时候，家人都会告诉他："你这样做太冒险了，一旦失败了，可就损失了50万元。"这是很多人都会面对的说教，因为在大多数人眼中，是否稳定是决定生活质量高低的最重要因素。

在这样的认知模式下，人们更喜欢寻找一些安逸、稳定的工作，而缺乏跳出"用时间换钱"怪圈的勇气，他们不会想到投资，不会想到创业，不会有开公司或者大干一场的想法，而最终的情况自然是希望能够获得更多财富，但又不敢冒险，只能羡慕那些敢想敢干的人。当然，这里所说的"冒险"是指在风险可控的情况下，如利用部分闲余资金投资或创业。即便最终失败了，也不会对生活产生根本性的影响。

获得财富大多时候是需要冒险的，是需要人们打开思维、打开视野、突破个人生活局限的。野心大的人往往更喜欢冒险性强、节奏快的生活方式，他们喜欢挑战各种高难度的目标，他们对于自己的规划更加明确，对于目标的实现也更加执着，也只有这样，他们才能够真正找到财富保值和增值的秘诀，才能实现财务自由。

PART ❶

财商，决定你的
人生财富

第1堂课
你真的了解钱吗？

　　财务自由最基本的特征就是一个人或一个家庭会"生财"。

　　会"生财"不仅是指一个人会挣钱，还代表了一个人拥有合理的金钱观。用一个更形象的词汇来说，就是财商，要想实现财务自由，首先要做的就是成为一个高财商的人。

　　那么什么是财商呢？

财商包括两方面的能力：一是正确认识财富及财富倍增规律的能力（即价值观）；二是正确运用财富倍增规律的能力。

我们可以从以下的案例中理解这两方面能力。

某富豪去世之后，他的三个儿子各获得了一份遗产。大儿子得到一家酒店，价值约为6000万元（基本上处于变动状态），二儿子和小儿子从遗产中各得到了现金5000万元。

对于大儿子来说，得到了酒店也就意味着以后每一天、每一个月、每一年都能够有收入，甚至收入非常可观。而二儿子和小儿子的想法也很简单，有了5000万元的资金，自己可以做很多想做的事情，购买喜欢的东西，在喜欢的领域创业。

在这之后，大儿子就一直兢兢业业地打理酒店，生意也做得非常好，酒店服务甚至比其父亲在世时做得还要好，业绩也基本维持在其父亲管理酒店时的水平。二儿子则拿着5000万元开了一家非常有个性的休闲餐厅，主打的内容就是将饮食和休闲结合在一起，让顾客可以享受到用餐的乐趣。而小儿子觉得人生苦短，钱就是用来消费的，因此一直都在积极享受生活。

几年之后，大儿子的酒店在当地酒店普遍生意不景气的情况下，仍旧维持着不错的收益，酒店估值超过了1亿元。二儿子则将休闲餐厅推广到全国11个省份，一共开了30家连锁餐厅，身家早就突破了4亿元。小儿子用这些钱购买了一堆奢侈品，他还四处游玩，几年之后已经花掉了一大半。

在这个案例中，富豪的三个儿子对于财富的认知明显不同。大儿子认为继承了酒店就等于继承了一个"铁饭碗"，风险相对比较小，可以做到稳中求胜。可以说，在大儿子眼中，财富就是固定资产，就是一个相对稳定的创收工具。而二儿子认为财富本身可以赋予到任何物体上，可以是现金，可以是酒店，也可以是一家公司或者一个概念，他希望有更多的可能性来激活财富原有的属性，重要的是，他认为财富本身应该是一个变量，而不是一个固定模式，因为只有保持变动和灵活，它才有希望创造更大的价值。小儿子则把钱完全用于消费。

　　当富豪的三个儿子对于财富的认知不同时，对于如何实现财富增值的想法自然也会有所出入，大儿子认为只要守住家产就可以挣钱，这是最稳定也最保险的做法。二儿子认为随着时代的发展，父亲的生意布局也需要适当地改变，开连锁店则是一种更好的使财富增长的方式，而他最后也依靠这一方式实现了财富的倍增。从这一点来看，二儿子的财商无疑要更高一些，他对于财富的认知更透彻。小儿子则是一个彻头彻尾的享乐主义者，在他那里，财富一直都在贬值。

　　关于财富，人们往往想得比较简单，但有一句话说得非常好："取之有道，用之有道。"一个人挣钱的方式、花钱的方式，往往可以体现出个人对于财富的态度。

　　比如在挣钱方面，财商不高的人往往缺乏大格局，缺乏更高的商业境界，他们通常都具有一些经商的坏习惯：贪图小便宜，追求眼前的利益，不讲诚信，没有明确的商业规划，没有战略思维，容易满足，有时候喜欢挑战一些自己做不到的事情。

　　而花钱也能体现出财商的高低，有的人将挣来的钱用于投资，用于布局更大的事业，或用于公益事业；而有的人挣了钱就肆无忌惮地消费，甚至是浪费，将纸醉金迷的奢侈生活当成成功人士的标志，他们对于钱的理解过于狭隘，也过于物质化，而且对于"钱生钱"缺乏明确的概念。

真正的高财商，应该是一种对财富认真负责的态度，是一种从财富角度看待社会和未来生活的思维方式，是一种能够让自己更好地融入社会并掌握更多生活选择权的能力。

马云创立阿里巴巴，考虑的是让天底下没有难做的生意。他的出发点是为千千万万个中小微企业提供销售的平台，确保它们有机会公平地参与行业竞争。这就是一种格局，也是高财商的表现。如果马云只是为了盈利，为了让自己的银行卡里多出一大串数字，或者只是为了让阿里巴巴年营业额过亿元、十亿元，那么也许他早就将阿里巴巴卖掉了。

陶华碧创立老干妈，想要将其打造成一个强大的中国品牌。这些年，她坚持不让老干妈上市，为的就是不让资本市场来干扰自己打造一个好品牌的决心。也许老干妈上市之后，陶华碧的身价会暴涨好几倍，但是老干妈这个品牌可能会就此被毁。

也许每个人都会谈论钱，都对钱有着特殊的情感，但是只有那些把钱当成财富增值的阶梯、实践人生理想的工具、改善未来生活的方式的人，才能够真正在财富增长的道路上越走越远。

学习金融学和培养财商并不是同样的概念。学习金融学需要学习许多基础知识，需要对现金流、预算、成本控制、宏观和微观的经济调控、货币、银行、储蓄、投资等知识做一个全面的了解。知识掌握得越全面，学科的功底往往越深厚。

而对于财商的培养，不能只将掌握金融学知识作为衡量的标准，财商并不只是赚钱能力，也不只是掌握很多金融知识，更多的是看人们对于财富是如何理解的。理解得越深的人，越能够掌握财富流通的方向和相关的秘诀。

第2堂课
你的财商究竟有多高?

　　关于财商高低的问题,很多时候并不仅在于人们是否了解相关的专业知识,以及是否拥有亿万元资产。由于财商关乎着个人对于财富的看法以及运用,那么通过一个人的财富观,就能看出这个人的财商高低及其是否有致富的潜质。一些最常见的生活习惯往往能体现一个人财商的高低。

1. 公司发了工资和奖金的时候，你是将这笔钱存起来，还是大吃一顿犒劳自己？

很多人会选择把钱存起来，这种思维方式并没有错，中国人本来就有存钱的习惯，把钱存着以备不时之需，这是人们应对生活不确定性的一个方法。但事实证明，那些懂得花点儿钱犒劳自己的人更加懂得挣钱，原因很简单：会花钱的人才会挣钱，也才会有动力挣钱。如果一个人不懂得奖励自己，不懂得自我激励，那么他的财商一定不会太高。

2. 当看到自己想要的东西时，你是想办法一定要获得这个东西，还是保持一颗平常心？又或者努力奋斗，实在得不到了再寻找一个替代品？

这个问题实际上反映了个人对待欲望的一种态度。那些想方设法要满足欲望的人，可能拥有很强的野心和上进心，但是容易在一些自己做不到的事情上冒险，他们往往不能正确地看待自己的能力和处境，无法对自己进行正确的定位。

万事随缘，保持平常心的人对于财富可能看得比较淡，往往缺乏强大的动力。而那些努力奋斗的人，对生活有追求，同时对自己也有一个明确的定位，在所求不可得时会退而求其次，避免在不合适的项目上浪费时间。这种人的眼光更加精准，做事也更有章法，非常理性，在获取财富的过程中，往往更能够把握好分寸。

3．在日常生活中，你对于福利彩票的态度是怎样的呢？是否会经常购买福利彩票或者体育彩票？

有些人可能会觉得这是一个发财的机会，何况每一次投注的钱根本不算多，试试运气也无妨。

在面对彩票的诱惑时，你的态度是怎样的呢？要知道，那些平时不会购买彩票的人，往往在工作中更加脚踏实地，他们也很少会对一些不切合实际的投资机会动心，而是将精力集中在自己更有把握的项目上。在日常的工作和投资上，他们会谨慎地选择自己有把握的项目，然后认真去做。

4．当你获得500万元的大奖时，会怎样安排这笔钱？

很多人可能会选择将这笔钱全部存入银行，因为每年获得的银行利息也非常可观。但是这样的人的想法往往比较保守，对于财富的认知局限于存款。这样的人在生活中往往比较谨慎，缺乏投资思维。

有些人会选择将一部分钱存入银行，拿出一部分钱投资或者创业，其余的钱用于日常的生活开支。这种安排往往可以有效地兼顾生活的方方面面，同时可以确保家庭中形成一个良性的资金循环系统，在拥有一笔家庭备用金的同时，保证收入和开支的平衡。一般来说，这种人往往善于规划财富，对自己的资产可以进行有效分割和安排，提升资产使用的灵活性和资产组合的多样性。

5. 当你购买的某一只股票从每股20元跌到了每股5元，你会怎么办？

股价下跌是每一个人都不愿意看到的情况，但是在股市不景气或者公司发展形势不明朗的时候，股价也许就会一路下跌。而面对这种情况时，有人会直接将手中的股票全部抛售，因为他们觉得之后股价还会继续下跌，眼下抛售总还是可以保住一点钱，总比跌到一分钱不剩要好。这种人的财商往往不高，明显缺乏应对挫折的能力，这样的人在起起伏伏的商业环境中难以获得成功。

有些人在股价下跌之后，会认为"物极必反"，眼下股价已经基本上见底了，再跌也不会太多了，很快就会上涨。这种人对于经济规律有一定的认识，对于局势的分析也较到位，但是缺乏更为客观合理的证据来支撑自己的观点，他们也许是非常好的理论家，但是容易过度迷信理论分析而作出错误的判断。

相比之下，那些在客观分析公司的发展状况、了解市场大环境后再进行决策的人，才真正具备高财商，他们会将市场分析和理论分析结合起来，以指导自己的行动。

6. 你是否会留意和关注财经新闻？

有一部分投资者和生意人每天都会将大量时间用于联络客户，或者用于饭桌上的各种应酬活动，很少关注财经新闻，也很少购买财经类书籍来阅读。这样的人往往会认为做生意是非常简单的事情，只要了解行业规则和一些基本的投资运作方式就行，拉拢客户是重点。同时，这样的人往往缺乏良好的经济学基础知识，在投资理财或者创业方面都缺乏硬实力，而且他们对于整个行业环境和行业生态圈的认知也较浅薄，往往无法将生意做大。

那些有时间阅读相关书籍或者关注财经新闻的人，愿意了解形势变化，挖掘更多的投资项目，他们能够看到自身的不足，并且愿意花时间来获取知识。

通过以上几个常见的问题，可以了解人们对于财富的认知以及驾驭财富的手段的不同，也可以比较直观地判断一个人的财商水平。尽管财商是一个综合性的概念，涉及很多的知识，但是一些生活细节的确可以在一定程度上体现出个人的财富观念。

第3堂课
财富与职业的四个象限

　　前言中提到的美国作家罗伯特·清崎，也是全球知名的企业家、投资家和财商教育专家，他还曾经与莎伦·莱希特一起写过一本畅销书：《富爸爸财务自由之路》。在书中，他根据人们收入来源的不同，将不同的人划分为四个象限，分别是雇员、自由职业者、企业所有者、投资者（见图1）。无论是谁，无论从事什么工作，都能在这四个象限中找到属于自己的位置。

图1　财富与职业的四个象限

雇员基本上就是工薪一族，这些人一直都在为别人工作，自己创造的收益中有一大部分是被别人拿走的，因此他们很难获得财富增长的机会。这一类人要想成为富人往往非常困难，毕竟只有少数的企业高管才有机会依靠高工资真正改变自己的生活。

陈先生在深圳一家外贸公司上班，月薪1.6万元左右，加上年终奖，年收入一般都稳定在25万元左右。可是作为一个地地道道的打工者，平时的工资差不多一半都花在了房租和伙食上，有空只能和朋友去唱歌，或者吃一顿烧烤，根本没有多余的钱旅游或者购买奢侈品。

虽然和乡下老家的同龄人相比，他的工资算是较高的，可是在深圳这样寸土寸金的地方，32岁的他依旧过着没房没车的日子，婚姻大事无从说起，至于财务自由更是遥遥无期。

相比雇员来说，自由职业者的生活往往更为宽裕一些，他们大都有自己的事业，诸如开饭馆、美发店、私人诊所等。虽然也是在用自己的时间和精力换取财富，但至少是为自己工作，收入一般比工薪阶层要高，不过由于需要负担各种高成本和高开支，他们中的大多数人也无法真正实现财务自由，没有时间享受生活。

网友"命运女神"在贴吧里发帖，说自己来上海开理发店11年，从24岁开到35岁，如今依然没有存下多少钱。以前理发15元一位，现在涨到50元一位，收入的确比之前涨了好几倍，但是房租也一直上涨，人工费也在上涨，加上竞争压力越来越大，自己根本不知道还能不能把理发店维持下去。

重要的是，她辛辛苦苦存下的150万元，在上海只能勉强支付房子的首付，更别说以后还要承担惊人的贷款了。她的生活依然过得很茫然。

许多人认为，自由职业者，尤其是一些做小生意的人，他们属于高收入群体，完全有能力实现财务自由。但事实上，对于多数自由职业者来说，他们经常会在经济生活中感到窘迫，而且他们还需要承担一个老板应该要承担的责任。

如果这些做小生意的人能够更进一步，变成企业所有者，那么情况就会好很多了，比如企业所有者和自由职业者一样，拥有自己的事业和时间，但他们比自由职业者拥有更高的收入；自由职业者会在一个小项目上创业或者奋斗，而企业所有者拥有一个更加完善的系统，不仅自己为这个系统工作，还能雇用别人为自己打造的这个系统工作。在多数时候，他利用别人的能力、时间来创造财富，这样不仅为自己赢得更多的生活时间，还为自己创造了一个实现财务自由的基础环境。

浙江金华的一位私营企业老板，拥有一家规模比较大的模具制造厂，公司这几年的年营业额都在5亿元以上，利润也在8000万元左右。正因为如此，一家人的年度生活开销达到350万元，而且年底会花一个月的时间一起去欧洲旅行。另外，这位老板这些年在北京、上海、悉尼等城市都买了房子，生活无忧。

可以说，这位老板活成了很多人想要的样子，他有比较雄厚的经济能力和财富基础，又能够空出不少时间来体验生活的乐趣，可以说是在经济和生活上真正自由的人。

企业所有者当然也需要承担一定的风险，在全球经济环境不断变化，尤其是产业结构调整和升级的情况下，他们的企业很容易受到市场变化的冲击，因此有些人会想办法进行投资，成为一个投资者。

投资者的收入也较高，他们可以运用金融杠杆挣钱，通过投资一些项目来实现财富的倍增。虽然多数人无法像巴菲特那样在投资领域做到出类拔萃，但还是有很多有能力的投资者能够把握住商机。

　　林先生毕业于斯坦福大学，之后在甲骨文公司工作。在积攒了第一笔投资资金后，他辞掉了工作，回到国内进行投资。

　　2013年，林先生的朋友准备在郑州开酒店，林先生直接入股，如今回报已经超过了本金的好几倍。2014年，他向一家专门从事网络推广的广告公司投资了100万元，如今这家广告公司每年给他的分红就多达120万元。2017年，他看中了北方某城市的民宿市场，和朋友投资了几百万元，如今也收益颇丰。不仅如此，他还选中了一家生物制药公司，准备再次进行投资。

　　作为一个没有固定工作的人，林先生这些年依靠精准的投资，早已身家几千万元，平时也不用操心企业运营的事情，除了读书、旅游，以及进行登山、游泳等体育运动外，还在抽空学习书法。

　　投资者是四类人中时间最充裕的，而且很多投资者的确可以实现财务自由，虽然利用金钱创收有很高的回报率，但是门槛也比较高，需要精准的判断力、强大的意志力，以及丰富的专业知识等。此外，投资本身就存在一定的风险，即便是最出色的投资者也不可能100%盈利。因此，投资者虽然有机会获得更多财富，但也须承担更高的风险。

一般情况下，90%的人都处于雇员这一象限之中，他们的经济生活过得大都不如意，经常会因为买房、结婚、子女教育等的开支而发愁。此外，这类人没有太多可自由支配的时间，总体来说只能不断透支自己的时间和健康来确保生活继续。不过只要他们愿意努力，在工作中积累经验，获得能力的增长，一样可以成为企业所有者或者投资者。这个时候，他们就有更多自由的时间去享受生活，有更强的能力改善生活，并且有更多的机会去体验自己真正想要的生活。

第4堂课
提升财商，先了解经济学基础知识

一个人要想提升自己的财商，就要对经济学的基础知识有一定的了解，毕竟只有具备一定的经济学知识，才能正确地认识和驾驭财富，才能合理运用各种经济学原理与知识为自己增加收入。

在众多经济学知识当中，学习者需要厘清基本的概念，尤其是一些比较重要或者容易被误解的概念。

比如在谈到财商或者财富的时候，一个最直观的理解就是钱。当然钱的存在方式有很多种：甲说自己家里有几根几年前从银行购买的金条；乙说自己的比特币价值500万元，在某些国家和地区，比特币似乎也可以直接兑换纸币；丙说自己的公司市场估值2亿元，这也可以看成他拥有的钱；丁认为自己有外债80万元，这些外债也可以当成自己的钱。

由现金流出和现金流入衍生出来的一个金融术语"现金流"，在整个资本循环体系中占据着重要地位，也是财商认知体系中不可或缺的。

那么什么是现金流呢？

现金流是指某个投资项目在其整个寿命期内所有现金流出和现金流入的资金数量，这里所指的现金并不是现实生活中所持有的现金，而是包含了现钞、银行存款以及现金等价物。一家企业有现钞1000万元，银行存款5000万元，还有价值1300万元的短期债券，那么可以说这家企业的现金为7300万元。

在日常生活中，我们常常会看到这样的奇怪现象，比如国内有一家电商，连年亏损都在十几亿元以上，但是投资者依然热度不减，大家都纷纷看好这家电商。为什么会出现这种情况呢？有一个重要的原因就是这家电商的现金流非常充足。这家电商每年都有270亿元的现金流出，有250多亿元的现金流入，这些数据表明公司仍旧活力四射。

假设一家企业的生意非常火爆，客户源源不断地从企业进货，但是一直没有及时支付货款，以至于短短一年半时间，这家企业就拥有3000万元的应收账款，这笔钱如果不能及时收回，那么就表明企业一直都在支出，而没有流入，这样一来就等于没有产生现金流，企业必定会遇到严重的问题。

从某种意义上来说，现金流是企业的血液，现金流量表可以全面反映企业的"造血能力"，还能体现企业的"血压""血脂""血糖"的水平，现金流枯竭的公司往往也就意味着失去了"造血能力"。

现金流一般分成三类。

第一类是经营性质的，公司销售了价值500万元的产品，然后收回了这笔货款，这属于经营性现金流。

第二类是投资性质的，某人用300万元投资股票，之后在股票涨价时卖出，收回了600万元，这属于投资性现金流。

第三类是筹资性质的，融资多少，还债多少，这属于筹资性现金流。

现金流看重的是真金白银，它在某种程度上比利润表上的利润更加重要。企业虽然有利润，但是如果有应收账款没有收回，这笔钱终究只是纸上的一个数字。

对于那些有商业头脑的人而言，他们在投资或者创业时，往往更加看重现金流，毕竟企业只有资金到位、气血充足，才有成长的空间。换句话说，如果一个人连现金流都不重视，那么他将很难把生意做好，也很难在投资中获利。

除了现金流之外，还有两个经济学术语也非常重要，就是资产和负债。如果说了解现金流是为了明确自己所投资的项目是否合理，自己的商业操作是否有较高的安全系数，那么了解资产和负债则有助于人们更好地了解自己的财富会不会增值。

从某种程度上来说，财富就是一种生存和生活的能力，当一个人突然失去工作和收入之后，他还能否像过去一样生活？他的生活质量是否因此大幅度下降？是否就要面临生活的窘境？

　　美国某公司的一位工程师因面临被公司开除而跳楼自杀。这位工程师虽然收入不菲，但是一旦失去了这份收入，就意味着生活失去支柱，因为房贷、孩子的教育、家庭的开销以及各种意外伤害的保障资金都会成为巨大的生活负担，而他没有能力去应对这样的危机。从这一点来说，这位工程师并不拥有财富，或者说并不拥有稳定的资产。

　　相反，北京的一位保安表示自己做保安工作纯粹就是为了打发时间，即便没有这份月薪三四千元的工作，他也活得很潇洒，因为自己有几套房子，每个月收到的房租就有七八万元。他的收入虽然比美国公司的工程师低一些，资产却多出不少，尤其是固定资产几乎可以保证他和家人一辈子衣食无忧。

　　毫无疑问，那位工程师虽然有一份较高收入的工作，但实际上并没有什么资产，处于负债状态，尤其是房贷这一项开支就足以使他对工作产生依赖。也就是说，并不是所有的房子都可以称得上是资产。

从严格意义上来说，负债是指当人们拥有某件东西之后，这件东西一直都在使拥有者不断花钱。比如贾某在4S店购买了一辆宝马轿车，购买后每个月都要消耗上千元的汽油费，还有每年差不多8000元的保险费以及2000多元的保养费，再加上高速路差不多7000元的过路费，这些开支都使得汽车变成了负债。

而资产不同，它每年都会为拥有者创造收益，比如拥有一套全款购买的房子，房子每年都在涨价，这就是资产；一些商铺每年都可以收获不菲的租金，这也属于资产；很多人在银行里有存款，这笔钱拿出去投资也好，继续存在银行也好，都可能创造收益，因此也属于资产。

资产和负债在很多时候的界限比较模糊，因为很多东西本身既属于资产，也属于负债。比如，购买一辆汽车之后每年都需要额外的开支，但是如果将汽车租赁出去，一样可以创造收益。这个时候，原本的负债产品又拥有了资产的属性。

2008年，A先生在某市购买了一套房子，在付完首付之后，每个月还贷4000多元。为了减轻房贷负担，他一直都将房子出租。到了2018年，这套房每个月的房租已经涨到8000多元了。这个时候，原本负债的房子已经变成了资产。

现金流、资产和负债是人们必须要明确的概念，只有了解这些容易被忽视或者被混淆的概念，人们才能更加合理地支配财富，才能更加精准地驾驭自己的财富。

第5堂课
高财商的人，同样是心理学高手

    有个人经营了一家首饰店，在刚开业的几天，他上街向路人赠送代金券，顾客在活动时间内到店里消费，可以用代金券抵现。可是连续发放了两天的代金券，却没有什么顾客愿意到店里买东西，他觉得非常苦恼。

    就在他感到疑惑不解的时候，一个有着丰富经商经验的朋友告诉他一个秘诀，那就是将赠送变成低价出售，原先价值100元的代金券可以以5元或者10元一张的价格出售。

出售代金券？这听上去有些不可思议，要知道对于多数商家来说，代金券都是免费发放的，很少有人将它们出售。这位朋友认为免费的东西往往不会被人重视和珍惜，而花钱买来的东西，无论价钱多少，只要花了钱，大多数人都想要体验花钱买来的那部分价值。

这位朋友还提供了一个方法，那就是将代金券免费送给那些理发店、美容院、服装店、商店等，让店家帮忙出售代金券，而挣到的钱全部归出售者所有。结果不到半天时间，很多买到代金券的人都到店里购买首饰。

多数人在开店的时候，可能会选择传统的方式进行宣传推广，比如像这个案例中的首饰店老板一样，赠送代金券，并且自己亲自去发放。而首饰店老板的朋友所提出的两个建议，为首饰店顺利开业起到了重要的作用。

这两个建议就是高财商的一种表现，它巧妙地让更多中间人参与到代金券的发放当中来，从而使他人愿意成为免费的宣传者，也激发了潜在顾客的消费热情，可以说是一举两得。虽然实施者（首饰店老板）并没有从出售代金券中直接获益，但使宣传者（各个店家）获得收益，效果无疑要比赠送代金券好得多。

出色的商业运作应该是"钱生钱"的游戏，但这种"生钱"的游戏不仅有卖家和买家的参与，还可以让更多的经销商加入其中。这些经销商的作用就是宣传和吸引顾客，这里往往需要运用一些心理战术，而卖家吸引经销商的策略就是提供直接的经济便利。

在这个过程中，经销商的参与是一个非常重要的环节，一方面是因为经销商人数众多，有助于拓展渠道并使得财富快速增值，另一方面是因为经销商拥有更多的销售策略和方法，能够更加有效地提升销量。

从某种意义上来说，本节开篇所讲的这个案例，是一个非常绝妙的心理游戏。对顾客来说，当自己为某个东西付出一点成本的时候，他们对这个东西会更加关心，很少有人会白白放弃花钱买来的代金券，大多数人都会拿着代金券去店里买一件称心如意的商品。

对经销商（各个店家）来说，他们则有了自己定价的机会，只要他们高兴，可以用50元或者80元的价格将代金券卖出去，这种定价权比直接从卖家那儿拿到提成更有意义。重要的是，经销商通常不会错过不用花一分钱就有可能挣钱的机会。

心理战体现的是对人的观察和心理引导，它的形式多种多样，但在经济活动中万变不离其宗，那就是让更多的人产生一种"做事"的冲动。

例如，一个店家将销售的抽油烟机标价为3000元，可能很少有人购买，可是一旦定价为2999元，购买者就可能会增加。为什么相差1元的定价会使商品的销售量有如此大的差别？原因就在于消费者在考虑商品价格的时候会习惯性地将其定位在一个价格区间。当价格定为2999元时，消费者会认为价格还不到3000元，或者认为价格只有2000多元；但是当价格定为3000元时，他们心里的价格区间就变成了3000～4000元。虽然定价只差1元，但是对消费者来说是差了一个价格区间。这就是消费中常见的尾价策略，而有头脑的商家会少挣那1元钱，直接降低价格区间，从而有效提升产品的销量。

Uber公司的盈利主要来源于汽车司机的工作量，当汽车司机的载客业务比较好的时候，Uber公司的盈利情况自然也就较好。所以为了刺激已安装Uber App的汽车司机更多地载客，Uber公司想了一个办法，那就是在系统中设置一个信息自动提示的功能，当司机一天的营业额接近某个数额时，系统就会发送提示信息，告诉司机今天一共赚了多少钱，还差多少钱就可以达到某一个更大的整数值。

某个司机当天依靠打车业务赚了378美元，那么系统就会给他发出一条提示：还差22美元就可以赚到400美元了。这样的提示无疑会给司机额外的工作动力，他们会觉得"我只要再多拉一两单，就可以挣到更多"。当这个软件系统中被设置该功能之后，司机的载客量确实明显增加，而Uber公司的获利也明显增加。

高财商的人即便是在投资中也常常能够运用高超的心理战术，最典型的就是炒股。其实股市就是一个"智慧大乱斗"的场所，股民和股民要竞争，股民和庄家要竞争，庄家之间也要竞争，而打赢这些没有硝烟的战争都是靠心理战术：谁更加冷静、更善于坚持、更有大局观，就更有可能胜出。

其实，在资本市场上，谁都有机会挣钱，谁都有挣钱的方法，但是要想在竞争激烈的市场上生存下去，要想在一块已经固定的"蛋糕"上得到更多收益，就免不了要与其他人竞争。无论是创业还是投资，都需要想办法让自己从群体中脱颖而出，这个时候可以使用一些必要的心理战术来赢得胜利。从某种意义上来说，高财商的人往往对心理学也有一定的了解，并且能够更为合理地将其运用于财富扩展的过程中。

PART ❷

提升"被动收入"，打造财务自由的基础

第6堂课
建立一份属于自己的事业

　　明先生在广州一家外贸公司工作了10年，成为这家公司的部门经理，税后年薪达到40万元。在很多人眼中，这样的收入也算是不错了，但对于明先生来说，生活依然过得有些紧。

　　他在广州按揭买房，每个月要还贷款7000元；妻子在家做全职妈妈，负责照顾老人和两个上小学的孩子，家庭日常开销每个月就要5000元左右；两个孩子在双语学校的学费每年起码15万元，加上平时购买衣服、鞋、零食、玩具，还有出去游玩、看电影等娱乐活动，一年在两个孩子身上的开支就需要20万元；明先生自己喜欢抽烟，妻子偶尔也需要购买一些化妆品、衣服、首饰等，一年的开支也要好几万元。

所以一整年下来，明先生到手的40万元几乎只剩下两三万元，而且家人还不能生病，要是生病了，整个家庭的其他开支就必定要缩减。由于生活压力不小，明先生萌生了离职自己创业的想法。

对于明先生的困境，很多人都感同身受，当然不同的人对此有不同的看法。很多人认为明先生一年的收入也不少了，根本没有必要冒险去创业，平时只需要控制一下开支就行了。

但事实上，孩子的教育作为主要开支，基本上无法缩减，再节省其他开支也省不下多少钱，否则生活质量就要大幅度下降。还有一些人赞同明先生创业，既然眼下的工作已经无法满足生活需求，就需要采取行动改变现状，争取获得更高的收入。

用收入和职业四象限的观点来分析，明先生其实处于雇员的象限。这一象限的人一般收入不算高，无法做到财务自由，而且没有太多可自由支配的时间。他们的时间以及创造财富的能力大都在为老板服务。对于高财商的人而言，他们更希望将创造财富的密码完全掌控在自己手中，将时间和能力用在为自己创收的工作当中，因此，打造一份属于自己的事业就显得很有必要。

世界上的顶级富豪，要么是投资有道，要么是打造了自己的事业和品牌。对于他们来说，将工作的主动权和管理权掌控在自己手中，这才是更重要的。而且，人们需要通过一份自己的事业来证明自己的价值。

有个人从一家世界500强公司离职，公司的总经理开出百万美元的高薪挽留他，他仍旧选择了离开，别人都觉得他太傻，他笑着回应说："在别人的公司里，我拿着百万美元年薪，体验到的不过是百万美元的乐趣，但是为自己的公司工作，哪怕年薪十万美元，我也能体验到千万美元的乐趣。"

从现实角度来分析上述案例,希望能自由掌控工作只是这个人离职的其中一个原因,而对于财富的追求是另一个重要原因。通俗地说,如果人们有追求更多财富的野心,有希望创造更多财富的想法,那么必定希望为自己的事业而奋斗。

亚马逊创始人杰夫·贝佐斯在没有创业之前,原本在一家企业领着丰厚的报酬。但是某一天,他冲到老板办公室,突然提出了要自己创业的想法。老板好言相劝,他仍旧坚持自己的立场,最终创办了亚马逊公司,并成为世界首富。

对于任何人来说,选择一份属于自己的事业,自己往往可以进行更好的规划,也能更好地掌控收益。在别人手下当雇员,到手的工资可能只有自己创造收益的30%,甚至更低。而当自己为自己工作时,收益可能会增加,更重要的是,自己会很有成就感。

也许很多人会认为,有的人当雇员时拿到近百万元工资,创业的话,假如收入连10万元都不到呢?这种担忧不是没可能,但现实生活中,能够年收入近百万元的打工者自然站在更高的舞台上，他们的能力、人脉和格局都不可能与年收入10万元的事业相匹配。就像一个在跨国公司拿80万元年薪的人，不太可能会把在街边卖炒粉当成自己的事业一样。

有的人喜欢投资，会对互联网、酒店、工程建设等项目或股票、国债等进行投资，他们没有固定工作，或者说每天的工作就是选择合适的投资项目。投资大师巴菲特就是其中的佼佼者，他在过去几十年不断寻找投资机会，并且最终成立了伯克希尔·哈撒韦公司，这是一家专门从事投资和保险业务的公司。

无论是投资还是创办公司，都需要承担更大的压力和风险，而这些风险对于做雇员的人来说则可以避免，但是当人们拥有自己创业的觉悟时，本身就已经对财富有了更深刻的认识，也有了驾驭财富的欲望和方法。

如果想要将事业做好、做大，除了选择合适的项目之外，还需要提升自己的工作能力，需要想办法完善自己的管理水平，并在战略层面上和思维高度上自我提升，同时还要对经济学等专业知识有更多的了解，为自己的事业打好基础。

第7堂课
聘用优质人才,扩大商业规模

人们常说,一流的商人请别人帮自己挣钱,二流的商人自己给自己挣钱,这里涉及的其实就是人力资源投资的问题。那些没有眼光也缺乏魄力的商人,往往只能经营一些小本生意,一般都是事事亲力亲为,或者安排家人帮忙。

个人能力直接决定了商业规模和盈利水平,如果一个人只能创造20万元的收益,那么他的生意最多只能做到

20万元。而那些有眼光和格局的商人，在创业、投资的时候，往往会借助外部的力量和智慧创造财富，在确定好项目并且筹集到足够的资金之后，就会开始招揽人才。相比于自己单干，他们更愿意将工作分给其他帮手去做。原因有以下两点。

第一，一个人的时间和精力是有限的。正因为如此，一个人能完成的工作量也是有限的。只有聘用的人多了，产值才能扩大。

某个裁缝开了一家服装厂，如果只是自己和妻子在厂里工作，那么这个服装厂只能算是一个家庭小作坊，夫妻俩一个月完成的服装加工数量可能不会超过100件。但是他们聘用了10个裁缝师傅，服装厂每个月的产量达到了1000件。

第二，个人的能力是有限的。即便一个人再有能力，也无法将所有的工作做到位，总有一些工作是自己不擅长的。一个高财商的人需要懂得如何用人。

某建筑公司的老板是一位建筑工程师,在工程设计、材料选择以及成本控制方面都很出色,但是他不擅长公司的管理,不精于会计核算,不懂得跑市场、搞销售,如果他可以按照具体的工作要求招聘不同类型的人才,那么自己只需要专心于专业领域,至于其他工作,可以交给下属去完成。这样一来,整个公司的工作效率就会得到提升,运行也会越来越顺畅。

需要注意的是,高财商的人一定是非常懂得享受生活和工作的人,他们喜欢工作,但不会将所有的时间都盲目地花在工作上,和家人在一起、阅读、旅游、培养兴趣爱好、保持一个健康的体魄,这些才使工作变得有意义,也才使人生变得美好。

总的来说,让更多的人参与到自己的事业中来,无疑能最大化地利用外部资源,实现利益的最大化。

要想做到这一点,就应该打造一个高效的团队。在这个团队中,所有的成员都应该有共同的愿景和目标,明确自己可能获得什么以及自己能够做到什么,这当然是领导者应该去做的事情。

接下来，聘用人才的关键在于做到人职匹配，精通财务的员工，可以负责财务会计工作；擅长销售的员工，可以负责市场开发；精通专业技术的员工，可以负责产品研发；善于沟通和协调的员工，最适合在人事部门工作。

将不同的人安排在不同的岗位上，赋予每个人合适的职务和角色，让所有人都充分发挥出自己的特长，从而确保团队效益最大化。在安排任务的过程中还要明确整个工作流程，让每个人都可以按照流程工作，这样才能够确保团队以正确的节奏运行。

一个人创造财富与打造一个团队来创造财富相比，显然后者的创收能力更强。创业者借助团队的力量，可以将有限的资源发挥出更大的效用。而这需要打造一个完善的系统，依靠这个系统，即便创业者自己不花时间或者不投入精力，也能够获得稳定的收益。

建立这样一个系统并不简单。这个系统首先应该具备一个完善的工作平台，大家都可以在这个平台上找到稳定的工作，可以获得稳定的收入。如果企业家告诉员工，"你需要帮我提高产量"，可是既没有提供场地，也没有配备工具，试问员工如何工作？

另外，这个系统应该有完善的信息渠道，它可以更完整地接受市场上的各种消息，同时在其内部打造有效的沟通渠道，确保内部信息流通顺畅。

张某在南京开了一家生产医疗器械的公司，公司内部的销售人员要么不清楚市场上什么产品最畅销，要么就是知道了也不向公司反馈，结果研发部自顾自地搞研发，做出一大堆不符合市场需求的产品，还在一些几乎就要被淘汰的产品上浪费时间和资金。在这种状况下，企业的整体效益必定会受到很大影响。

除提供平台和信息渠道之外，必要的市场资源也很重要：公司的客户在哪里？公司所需的原材料应该从哪里购买？公司应该寻找哪些合伙人？公司如何在市场上进行品牌推广？这些都需要比较强大的市场资源把握能力，也是需要安排员工去完成的工作。

其实，打造系统和聘用人才本质上就是为了提升被动收入。在现实生活中，多数人都是主动收入的获得者。第10堂课"从'主动收入'变为'被动收入'"将详细讲述"主动收入"与"被动收入"。这里先简单解释如下。

所谓主动收入，就是人们需要花费时间去奋斗才能获得的收入，那些给别人打工的雇员，或者自己单干的个体户都属于主动收入获得者，他们的所有收入都是建立在付出自己的时间、精力、健康之上的，一旦自己不继续投入时间和精力，就将面临没有收入的情况。

而被动收入是指不需要自己奋斗和工作，也能够获得的收入。创业者聘用他人为自己工作，那么即便自己一天到晚什么事情也不做，依然可以获得不菲的收入。

对于高财商的人而言，他们在保证稳定的主动收入基础上，会想方设法提升自己的被动收入，这样才能真正摆脱为钱而工作的困境，才能摆脱为钱而消耗大量时间和精力的苦恼。依靠系统挣钱，就是财富快速增长的秘诀之一。

第8堂课
选择投资回报率更高的项目

投资的目的是获得更多收益，那么该如何确保自己的投资可以有收益并最大限度地使财富增值呢？这就需要人们对自己的投资项目进行分析，而重点要分析的就是项目是否拥有高投资回报率。

那么什么是投资回报率呢？

投资回报率是指通过投资而应获得的价值，即从一项投资活动中所得到的经济回报。

　　真正擅长投资的人，往往会非常看重投资项目的发展潜力。一个项目有盈利空间，而且能够在较长时间内持续盈利，就是回报率高的项目。社会上的投资者非常多，但是大师级别的投资者非常少，而这些大师级别的投资者也是少数依靠投资而成为巨富的人。

　　很多优秀的投资者投资了苹果公司、可口可乐公司、腾讯公司、亚马逊公司，这些投资者往往可以获得几倍、几十倍甚至几百倍的收益。而更多的人则选择了一些毫无名气的项目和企业，结果是要么以亏损告终，要么一直在微薄的利润当中起起伏伏。

　　对于一般人来说，投资回报率比较高的行业有服装、养生和保健、特色餐饮、房地产（一线城市为主）、租赁、新能源、新零售等，人们可以依据自己的经济能力以及操作能力进行选择，投资一个最适合自己的项目，而不是盲目选择一个或者多个投资项目。

　　许多人投资时往往只看重两点。

　　第一个是项目投资的成本很低，投入不大，或者公司的股价低廉，以为可以以低成本撬动大利润。持这种投资观念的人很多，他们更加看重的是低成本和低风险，并且想当然地认为成本越低，将来的盈利空间一定会越大。但实际上，很多公司的发展不景气，项目一直没有什么起色，投资的成本自然不高。这种公司缺乏持久的活力和发展动力，整体的发展态势并不好。真正会投资的人，会采取不同的思考方式，他们不会总是想着以低廉的价格投资惨淡经营的企业，而是千方百计地以合理的价格投资优质的企业。

某公司准备推进某个项目，于是在社会上进行融资，胡先生很快投资了20万元，他觉得投资成本价格很低，以后的回报率一定非常高。

但是5年之后，这家公司开展的这个项目并没有获得预期的成功，5年后的估值与一开始的估值相差无几，也就是说在过去5年的时间里，胡先生投资的20万元几乎没有获得什么收益。再考虑到通货膨胀和财富贬值的因素，实际上胡先生这几年的投资一直都在亏损。

类似的现象在生活中非常常见，一个重要的原因是，投资者经常会将成本作为首要的考量因素，没有认真分析投资项目是否存在巨大的增值潜力，是否拥有可持续发展的空间。而高财商的投资者看中的一定是有增值潜力的投资项目或者优秀的公司。

　　东北地区的一位农民购买了一批农业机器，主要拿来出租给农民种地以及收割粮食作物。他在投资这些机器的时候有两个选择，第一个是选择一家名不见经传的小公司的产品，这家公司提供的产品成本更低，播种机、收割机以及除草机等多台机器，总价只需要100万元。第二个是选择一家世界知名的农业机械公司，这家公司提供的同类型产品的价格往往要比小公司的高出两倍。

　　按照这种对比，似乎选择第一家公司的产品更划算，但事实上，第一家公司的产品质量并不出众，每年的维修率比较高，经常需要更换零部件，使用年限为8年，而且工作效率也比较一般。而第二家公司的机器能够使用十几年，基本上很少需要维修，零部件也较少损坏，而且终身保修。更重要的是，这些机器的作业能力是第一家公司同类产品的2倍左右。如果经过仔细核算和分析，就会发现购买第二家公司的产品会获得更高的投资回报率。

因此，对于投资者来说，一定要关注那些表现更好的项目，而不是单纯地将低成本作为决定投资项目的考量标准，毕竟低成本项目更可能有发展势头不好的风险。

另一个常见的投资现象就是追求多元化投资，持有这种投资策略的人往往会抱有"积少成多"以及"东边不亮西边亮"的想法，他们会觉得投资范围越广、投资项目越多，那么可能获得的收益也就越多，而且还可以分担风险。

但事实上，搞多元化投资的人往往会将投资搞砸，因为他们没有那么多的时间和精力处理每一项投资，也没有足够的精力对每一项投资进行梳理、分析。真正有投资头脑的人，会将注意力集中在少数几个或者一个最优质的投资项目上。

王先生在过去15年的时间里先后投资了10多家公司，如今手上依然握有6家公司的股份，但是这些公司的发展并不如意，全部股份加起来的价值也不过700多万元。

而朋友汤先生在研究多家公司的发展状况后，选择投资成都一家新能源汽车公司，并且持股时间超过了10年，如今他获得的投资分红达到1200多万元。而且随着国家对新能源汽车的重视，这家公司的业绩不断上涨，未来的投资回报率也会不断上涨。

世界上有很多顶级投资者，他们可能在几十年时间里投资了1~2个项目，或者说花了几十年时间也只找到了1~2个优质的投资项目。在他们看来，只要选择了一个好的项目、一家好的公司进行投资，那么就可以将90%的资金和精力投入到这个投资项目上，而没有必要搞平均分配。

如果说财商包含了商业嗅觉，包含了对财富的挖掘能力，那么财商高的人往往会选择投资回报率高的项目。对他们来说，将资源用在最能产生效益的项目上，将资金用在最能产生利润的目标上，自然能够做到财源滚滚。

第9堂课
善于运用倍增法则,提升财富增长速度

　　李先生在成都开了一家饺子馆,生意非常火爆,许多外地人甚至都慕名前来品尝店里的饺子。5年之后,饺子馆越做越大,李先生觉得虽然生意非常好,几乎每一天店里都爆满,但是人手实在不够,自己做得非常累,于是就打算将饺子馆出售给其他人。在饺子馆工作的弟弟得知李先生的想法之后,就用高于市值的价格收购了大哥的饺子馆。不久之后,李先生带着妻子和孩子出国去了,而弟弟

则继续经营饺子馆。

在收购这家饺子馆后，弟弟意识到自家的饺子很有特色，可以说形成了一个有影响力的品牌，但仅有一家店面显然不足以满足地方上的需求，至于外地人更是不容易品尝到自家的饺子。在经过市场考察之后，他尝试着在重庆开了一家分店，结果生意同样非常火爆，他于是就安排妻子负责管理重庆的店面，但是很快两个人都忙不过来了。

面对旺盛的市场需求，夫妻俩商量了几天，决定在成都和重庆再各开一家分店，然后前往长沙、贵阳、广州和杭州等地开分店，而这些分店采取加盟的方式，夫妻俩负责提供面食和配料，以及基本的培训，加盟商则将每年利润的20%交给他们。结果10年之后，当李先生带着家人回来探亲时，发现弟弟已经将自家的饺子馆开到全国各地了，年收入更是之前自己开饺子馆时的几十倍。

一个财商高的人，会想办法拓展盈利渠道，摆脱个人单打独斗的模式。对他而言，有效利用外部资源，最大限度地提升财富增长的速度，是驾驭财富最简单也最直接的方式。开分店往往是增加收入和扩充财富最直接的方式，这当然也是一道简单的数学题。当店面从一家扩充到七八家，甚至几十家的时候，不仅有助于提升品牌的影响力，更有助于最大限度地掌控市场，并获得多倍的财富。

许多人能够意识到商机的存在，但是无法将财富规模进行放大，无法打开视野去进行一个更为宏观的掌控。最常见的想法是"这项事业是我一手创办的，我不需要别人参与进来，或者说让别人参与进来无疑会削弱我的掌控力"。在这种思维下，人们可能会陷入一个"自我掌控力受限"的错误认知当中，"我不想开分店，更不想让别人来管理，我只做那些自己能够亲手掌控的事情"。

换言之，人们通常都更加信任和依赖主动收入，因为这些是自己用时间和能力、精力换来的财富，自己对此能够做到心里有数，而让别人来为自己挣钱，会觉得心里没底。

前几年非常流行的微商，其实也是运用了财富倍增法则。微商最常见的一种模式就是发展代理商。比如某人开发了一款面膜，她可以在朋友圈和社群内先向自己熟悉的人进行推销。有人购买产品后，就获得了成为代理商的资格，可以通过销售产品获得佣金。而有人成为一级代理商后，便会再开发二级代理商。经过一段时间的发展，原先还是单独一人卖面膜的微商，很快就发展出了几十位代理商，而每位代理商旗下拥有成百上千位销售员。这个时候整个销售团队就会形成一个巨大的销售网络（在这里需要特别说明的是，发展代理或者分销商，必须要符合法律的规定）。

打造一个强大的销售网络非常重要，不仅在于有更多的人帮忙提升销售数量，还在于可以借助更加高效的工具和平台。而现如今最强大的销售平台就是移动互联网，依靠移动互联网强大的展示和沟通平台，人们可以将产品面向全国各地的客户，甚至是全世界各地的客户进行销售，而不用像过去一样一个个地联络和拜访客户。

一个农户养了200多只土鸡，他打算将自己的土鸡以及土鸡蛋销售出去。于是，他开着拖拉机将土鸡和鸡蛋拉到县城集市上去卖，有时候一天的销量可能很高，有时候也可能会卖不出去。一个月的时间，可能只能卖出去40只土鸡和200个鸡蛋。农户的儿子大学放假回家，帮父亲在网上开了一个网店，并且在朋友圈里宣传父亲的土鸡和土鸡蛋，结果短短两天时间，就有100多只土鸡和700多个鸡蛋被订购了。

很明显，依靠着移动互联网的强大力量，农户在短时间内就完成了大量的销售工作，这同样是一个财富倍增的秘诀。而事实上，如今有很大一批富人都在借助移动互联网来开拓市场、创造财富。

大部分财富倍增都和销量的暴增有关，可以说，销售范围、销售人员、销售网络的扩大，极大地带动了财富的增长。此外，关于财富倍增效应，往往还涉及一个概念，那就是复利（见表1）。

表1   **复利表**

收益（万元）\年期\回报率	10%	15%	20%	25%	30%
第1年	1.10	1.15	1.20	1.25	1.30
第5年	1.61	2.01	2.49	3.05	3.71
第10年	2.59	4.05	6.19	9.31	13.79
第15年	4.18	8.14	15.41	28.42	51.19
第20年	6.73	16.37	38.34	86.74	190.05
第30年	17.45	66.21	237.38	807.79	2620

注：以本金1万元为例，年回报率30%，第1年收益为1.30万元，第30年收益为2620万元。

通俗来说，复利就是某人用一笔钱进行投资、借贷或者存款，当约定期满后，直接将产生的利息（或者利益）计入本金，然后用这笔钱开始计算下一个周期的利息。

10000元存入银行之后，假设一年的年利率是2%，那么一年之后的利息就是200元，然后到了第二年，可以将原有的本金10000元以及一年的利息200元并在一起，继续存入银行，那么第二年的银行利息计算方式应该是在10200元的基础上按照2%的利率进行计算。

著名的投资大师查理·芒格说过："累积财富如同滚雪球，最好从长斜坡的顶端开始滚，及早开始，努力让雪球滚得很久。"高财商的人会选择一个相对稳定的挣钱系统或者投资系统，然后尽可能延长复利滚动的时间，让雪球越滚越大，能量也越来越大。

某人用100万元创办了一家服装公司，第二年公司收益翻倍。此时，服装公司老板第二年的回报为200万元，扣除本金后的利润为100万元。这位老板非常看好服装品牌的发展，于是将200万元全部作为资本继续扩大规模，那么第三年继续翻倍的话，他的收入为400万元，第四年的话就会变成800万元。

如果公司的收益每年都翻倍，而这位老板将每一年的收益都取出来，那么每年的投资规模只控制在100万元，利润也仅为100万元。

总之，随着时间的延长，采用复利法投资的公司发展规模不断扩大，利润也不断翻倍。

对于那些好的项目、好的公司而言，时间就是最挣钱也最值钱的东西，假设一家公司只能发展20年，每年的营业收入增长率为20%，另一家公司每年营业收入增长率为15%，但是发展周期为120年。各自计算复利的话，肯定是第二家公司的盈利能力更强。投资一家互联网公司，可能在短短一年时间内就会获得300%的回报，但是这些互联网公司可能在几年之后就倒闭了。一些短期投资者可能只会获利一年，但长期投资者可以通过滚雪球的方式越赚越多。

高财商的人，为了确保财富的雪球越滚越大，会想方设法寻找一个长长的斜坡，这个斜坡不用太陡，但是一定要足够长，这样才能让雪球滚动的时间更长，雪球才会变成一个"巨无霸"。因此，真正会驾驭财富的人，往往主张长期投资，而不是将目光聚焦在短期投资上，他们会充分发挥财富倍增法则的效用。

而无论是哪一种财富倍增形式，本质上都是运用更活跃的财富思维盈利，人们需要摆脱单纯地创造主动收入的状态，而是尽可能提升被动收入，同时还要确保自己能够把握住每一个财富增长点，掌握财富增长速度加快的因素，而这种财富增长的加速度是每一个高财商的人非常看重的。

第10堂课
从"主动收入"变为"被动收入"

有个卖水果的商贩在小区开了一家水果店,一直以来都是自己经营,每个月大约有3万元的纯利润,这样的收入在当地算不错了。但他的苦恼在于自己根本没有时间享受生活,也没有时间陪孩子,几乎每天都要在店里待着,而且基本上每天都要待到半夜,自己感觉非常累,甚至萌生了关店的想法,可是妻子一直都不同意,毕竟不开水果店的话,夫妻二人也找不到更好的工作。

　　在和朋友谈论起自己的苦恼时，朋友给他提出了一个建议，那就是雇用两个有经验的销售员帮忙打理水果店中的事务。朋友给他算了一笔账，当地的销售员基本工资为3000元，他可以给对方适当增加一些绩效奖金，这样可以激励销售员努力工作。假设两个销售员一个月的工资加上奖金大约1万元，那么4000元的奖金所对应的销售额可能已经超过了1万元的开支。

　　这个商贩听完之后觉得有道理，于是就按照朋友的建议聘用了两个销售员。之后的半年时间里，商贩每个月的固定收入仍旧有3万元，但是自己根本不用为店里的事情操心，平时要么就和妻子出去旅游，要么就在家陪孩子，完全不用为赚钱的事情而耽误家庭生活。

　　这种转变就是从主动收入转向被动收入（见图2）。在主动收入的模式中，增加收入往往也就意味着增加个人时间和精力的投入，可以说主动收入的本质就是用时间、精力换取财富，一旦人们不打算继续这种交易，那么获取财富的大门就会立即关闭。个体户如果某一天不想营业了，那么这一天的收入就会立即清零；雇员哪一天突然向公司提出辞职,那么从离职起,他的工资和奖金将会被取消。

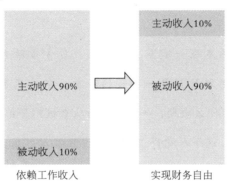

图2 从"主动收入"转向"被动收入"

主动收入同样会带来财富,但它的缺点很明显,一方面,这些财富的体量非常有限,因为一切都是自己单干,而个人的能量是非常有限的;另一方面,这些财富未必会给人带来幸福感,因为个人的时间、精力、健康同样受损严重,人们往往会因此失去更多的自由。

真正高财商的人、能够把握投资密码的人,会想方设法地实现从主动收入到被动收入的过渡,从而摆脱那种低级别的赚钱方式。当然,这种转变需要一个过程,而且需要一些转变的方式。

最常见的一种转变就是身份转变,即从雇员变成个体户，然后从个体户发展为企业主。在身份转变的过程中，主动收入会逐步减少，而被动收入会不断增加。

某人原本在一家家具店上班，负责帮助老板销售家具，这个时候他只是一个普通雇员，拿着基本工资和提成，平时没什么假期，一切都要听从老板的安排。

后来，这个人觉得工作不自由且收入不高，加上已工作多年，对家居行业非常了解，也积累了一定的客源和销售经验，因此直接辞职，开了一家家具店。

由于开店的成本比较大，而且还没有打开市场，他没有雇用员工，只是和妻子一起经营这家家具店，无论是进货、销售，还是上门安装，都是亲力亲为。虽然收入还不错，但是夫妻俩感觉非常累，有时候根本忙不过来。

两年之后，这家家具店被越来越多的人熟知，客户资源也越来越多，他决定招聘店长和销售员，将相关的业务全部交给雇员打理，自己和妻子则准备开始享受生活。

高财商的人不会一辈子给别人打工，他们会寻找契机来完成身份的转变，不过身份的转变不能盲目也不能强求，一定要注意对相关的工作项目进行分析，确保自己能够适应并有条件进行转变，比如资金是否到位，是否能够找到合适的雇员，是否能够找到合适的转型项目，自己是否有能力掌控转型后的工作。

无论是雇员还是个体户，可能都会牺牲自己的时间来工作，就像一个超市售货员不能离开岗位一样，工作属性决定了人们无法放弃和摆脱这份主动收入。

而一些投资者可以在完成投资的同时，花大把时间来享受私人生活。比如某人购买了某公司的股份，那么在接下来的几年时间里，只要这家公司正常运行，他根本不用为自己的投资操心。很显然，投资某家公司并不会占用自己太多的时间，就更不会对自己的生活和工作产生什么影响。重要的是，投资者不用花许多时间关注这家投资公司，却依然会在年底获得分红。所以真正善于挣钱的人，也善于选择职业，他们对于投资往往有着独到的见解，而且也会努力提升自己的投资能力。

当然，个人的态度转变也非常重要。很多时候，从主动收入过渡到被动收入，最需要的还是个人有好的认知模式和态度。

　　一个高财商的人，能够意识到被动收入的优势，因此愿意放权让其他人去处理相关事务。而有些人更愿意相信自己，更愿意相信一切都是自己用双手创造出来的，没有人会真正帮助自己，因此他们会将所有的工作扛在自己身上，成为团队内的集权者。这种情况下，由于个人态度，这些人名义上是从事被动收入的工作，实际上往往还处于主动收入的状态，因为所有的工作最终还是自己在做，自己仍旧没有私人时间，而其他人也没有真正发挥他们的能力。

　　如果说主动收入是资源限制下自我成长的一个必要过程，也是经验积累的一个阶段，那么被动收入则是实现人生飞跃的一个必要方式。

　　在时机不成熟的时候，人们需要想办法提升主动收入，这是能力修炼的一部分，但人不要一辈子都沉浸在主动收入中，应该勇敢地突破自我，改变用时间和身体健康换取财富的想法，努力过渡到被动收入状态，争取用被动收入来真正提升生活的质量并找到生命的意义所在。

PART ❸

财商，是一门"钱生钱"的投资科学

第11堂课
投资追求的是长期结果，而不是挣快钱

2004年，互联网的寒冬刚刚过去，罗先生就和朋友看中了一家游戏公司，并投资了350万元。

一年之后，这家公司推出了一款网络游戏，备受年轻人的喜爱，公司业绩因此暴涨，罗先生之前的投资为他带来了100多万元的盈利。这个时候，罗先生觉得公司推出的这款网络游戏的热度在不久之后就会逐渐降低，自己没有必要继续投资这家公司，于是立即退出股份，寻找下一个

投资目标。

虽然依靠独到的投资眼光和出色的短期资金操作能力，罗先生在2005年前后就已经积累了千万元的财富，但这种挣快钱的策略让他错失了这家游戏公司绝好的投资机会。后来这家游戏公司的规模不断壮大，并且在短短7年内估值就从几千万元扩大到了几十亿元的规模，而且在不断上涨，而罗先生并没有像这家游戏公司的其他主要投资者一样获得上亿元的收益。

投资领域存在两种最基本的投资方式：第一种是短期投资，第二种是长期投资。短期投资一般是指投资产品的持有时间不超过一年的投资，而长期投资一般是指投资产品的持有时间超过一年的投资。

短期投资者往往善于寻找投资机会，他们拥有比较独到的眼光及灵敏的商业嗅觉，但是他们缺乏更长远的战略思维，非常在乎眼前的利益，一旦出现亏损或者有了收益，就会立即撤退。

很多短期投资者都存在一些投机的想法，他们喜欢钻市场的空子，希望把握住市场变动期短暂的机会。短期投资者的眼中并没有长期的打算和规划，抓住眼前的机会和利润就是最重要的。可以说，多数短期投资者对于财富和投资的认知都比较肤浅。

长期投资者则不一样，他们更希望挖掘一些潜力股，这是一项非常复杂且需要很长时间观察和分析的工作，顶级的投资者会花费10年时间寻找一家合适的公司进行投资，然后花30年时间持有这家公司的股票。在投资的过程中，他们更加看重的是企业未来的发展模式、方向，以及企业未来能够达到的发展高度。只要他们认为某个项目具有增值空间，或者某家公司很有潜力，就会将注意力集中在目标上，并不太关心公司短期内发生的价格波动和发展起伏。

2011年，马先生购买了一家公司的股票，结果两年之后他就获得了3倍的利润，可是到了2014年年初，公司股价开始下跌。

大约在元宵节之后的一个星期，助理多次提醒马先生要注意股价下跌的情况。因为当时股价下跌了8%，这已是比较严重的情况。又过了几个星期，股价下跌了18%，助理给他打了一通电话："马先生，现在这家公司的股价下跌了18%，这太危险了，要不直接抛售股票算了。"马先生听后依然不为所动。就这样过了大半年，股价虽然偶有回升，但总体上一直在下跌，已经比上一年下跌了27%，很多投资者纷纷抛售手中的股票。助理非常着急，催促他立即抛售股票，否则情况可能会更糟。果不其然，到了2015年年初，股价一路下跌，直接比上一年年初下跌了43%。

但马先生仍旧没有抛售股票。按照他的说法，这家公司在过去一年多的时间里之所以会出现股价大幅度下跌的情况，主要是因为公司正在努力进行转型，出售和砍掉了很多不合理的业务，并且尽量向轻资产靠拢。只要转型期结束，那么这家公司很快就会重新获得市场的青睐，毕竟它还是很有发展潜力的。

到了2016年年底，完成转型的这家公司重新焕发了生机，主营业务利润开始大幅度增长，股价也一路上扬，在春节前后的一个多月时间里就上涨了50%，之后一直保持上涨趋势。直到2018年，为了给孩子买房，马先生才将手中的一半股票出售，而此时这一半股票的收益已经达到了马先生本金的26倍。

对于那些高财商的人而言，投资追求的是长期结果，而不是短期效益。他们在驾驭财富的时候，更加看重的是财富的增值空间以及形态上的转变，还有财富的倍增过程，这个过程本身就需要时间来验证。

只要一个项目的总体发展方向、发展思路是正确的，那么就有可能成为一个优质项目，一时的上涨和下跌不能代表什么。那些顶级的投资者大都属于股票的长期持有者，他们都非常擅长在一些优质项目上进行长期投资，相比于一时获得的收益，他们更想看看自己的投资在多年以后会产生怎样的影响。

许多人都在抱怨自己没有那些投资界"大佬"的运气，如果自己有足够的资金，如果自己早出生几年，也许一样会投资可口可乐公司、阿里巴巴集团、苹果公司或微软公司，一样会把握住电商发展的潮流。但真正的问题在于，你的眼界是否足够开阔，是否能够看那么远。试想，当你有钱的时候，真的会选择投资这些伟大的公司吗？即便你选择了投资这些公司，你能够坚持几十年吗？

真正有觉悟、有格局的人在经营自己的财富时，更希望财富能够在未来生活中发挥重要的作用，而不是只看它们在一个星期、一个月或者半年之后能够带来多少利润。

图3　投资角

如图3所示，投资有时候就像数学中的角一样，角的度数不变，但是随着边的延伸，开口越来越大，视野也越来越宽阔，包括的空间肯定也越来越大。从边长1厘米到边长1米，整个角包括的空间会成倍增加，假设这些空间就代表财富，那么边长就代表时间，时间越长，财富成倍增加的概率就越大。

从这个角度来说，选择一个具有发展潜力的投资项目，然后进行长期投资，这才是使财富倍增的方式。

娃哈哈公司的创始人宗庆后在创业之初，本想要成立一家加工厂，因为在当时的条件下，加工其他企业的产品并不需要太大的成本，而且在技术上也没有什么难度。

宗庆后对市场做了调查，发现加工厂只要有一定的规模，那么一年挣几百万元并不难，这在20世纪80年代来说已经算是一笔巨款，而且从整个行业来说也是很高的投资回报。

当时团队中的其他人都认为创办加工厂非常合适，一方面不用承担太大的风险，另一方面还有可观的利润，宗庆后却认为加工厂实际上并没有什么市场地位，永远都是跟着其他企业走，一旦其他企业不景气，或者刻意卡住加工厂发展的"脖子"，那么加工厂基本上就只有死路一条了。

宗庆后认为要创业，要在行业内站稳脚跟，最重要的一点就是必须掌握更多的主动权，因此企业在创办之初就应该立足长远，打造出属于自己的产品和品牌，想办法让自己成为市场上具有竞争力的一环，主动参与更高层次的竞争，而不是被动地跟随其他企业行事。

正因为如此，宗庆后很快就下定决心生产饮料，他还亲自进行市场调研，并且参与制定了企业的发展战略规划，拟定了各种可行性方案，开始走上自主创业的道路。

尽管一开始面临资金、市场、技术等诸多难题，但是在宗庆后的带领下，率先走出加工模式的娃哈哈从众多企业中脱颖而出，并迅速成长为国内饮料市场的领先者，宗庆后家族也积累了几百亿元的资产，一度成为中国首富。

所以，一个高财商的人要培养自己的战略思维，要高瞻远瞩，这样才能让自己的财富实现更大幅度的增长。

第12堂课
努力成为新行业的领先者

对于任何一个行业、市场来说，往往都会经历几个基本的发展阶段，如市场的发展要经历开始阶段、发展阶段、成熟阶段、饱和阶段和衰退阶段。

在市场开始阶段，进入这一行业的人非常少，整个行业的产业布局还没有形成规模，但是最先布局的人已经占据了发展的先机，他们已经开始想办法引领整个行业的发展潮流了。一旦最基本的布局完成，他们将会拥有先入者的优势，这有助于他们更好地成为市场上的主导者，而这部分人往往也是潮流中最大的获益者。

在市场发展阶段，行业内基本的产业链开始形成，市场的销售机制、资源分配、整体布局开始不断完善，这个时候无论是卖家还是买家都开始积极涌入市场，商业气氛越来越浓，形成最基本的商业格局。在此发展阶段，进行商业布局的商人仍旧有巨大的市场潜力可挖，能获得不菲的利润。

在市场成熟阶段，整个市场运作和行业的生态圈已经形成，并且拥有一个完善的市场环境。在这种环境中，商业运作进入巅峰阶段，已经进入市场的投资者拥有稳定的商业布局和利润空间，虽然一些后入者的利润空间会不断被压缩，但是由于行业的大环境非常稳定，整个生态圈相对合理，投资者和商家仍旧可以在行业中找到自己的位置，拥有自己的小市场。

在市场饱和阶段，整体的商业环境已经定型，已经进入市场的人大都会继续留在市场上经营自己的产业，那些想要进入市场的新人则没有太多的投资机会。由于产品的生产基本上迎合了市场需求，销售渠道也比较丰富和稳定，加上盈利空间基本上被压缩得差不多了，任何一个新人想要进入市场分一杯羹，都需要承担成本高于收益的风险。

一旦市场进入衰退阶段，便意味着这个行业已经开始被市场淘汰，时代的发展以及社会需求的改变，使得相关产业开始丧失吸引力和竞争力。这个时候，市场上的淘汰率比较高，一些盲目进入市场的投资者可能会很快退出，之前已经进入市场的一些小商家和实力不强的投资者，会因为竞争环境和产业环境发生变化而萌生退意，因此最后的结局就是少部分最早进入市场且有商业头脑的人可以维持基本的利润空间。

如图4所示，从开始阶段到衰退阶段，就是一个行业的生命周期。在整个生命周期内，真正能够在市场上持续盈利的，基本上都是那些最先进入市场的投资者，原因很简单，这部分人最具战略眼光和敏锐的商业嗅觉，能够提前进行商业布局，提前打好比较稳固的投资基础，甚至可以垄断整个市场。而之后进入市场的投资者对于财富的感知能力相对较弱，他们在资源、技术、经验、品牌知名度、营销渠道、产业认知、产业引导等方面都有欠缺之处。

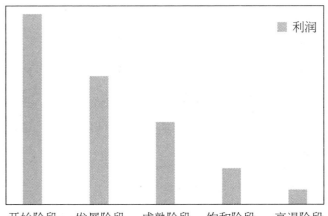

图4 行业生命周期

　　A城是一座"服装城"，整个城市中80%的产业都和服装加工有关，无论是大的加工厂还是小作坊均数量众多，而产品主要销往广州。

　　在2008年，受金融危机影响，广州的服装外贸生意遭受重创，A城的服装产业也受到了一定的冲击，很多产品滞销，大大小小的服装厂都面临倒闭的危机。在这个时候，有一家服装厂的老板开始想到在网络上销售自己的服装，同时还积极成立外贸公司，借助互联网将服装远销至非洲和欧洲市场。

经过几年时间的经营，这家公司打开了国内外市场，并且成为A城的"服装代言人"，很多人看到这家公司就会想到A城的服装产业；提到A城，就会想起这家公司和品牌。由于这家公司获得了成功，相继有好几家公司也开始做起了电商。由于A城的服装产业规模比较大，名气也比较响亮，这些公司的业绩也还不错，至少比金融危机爆发时的困难处境要好多了。

A城的服装电商生意越做越大，外贸渠道也越做越宽广，越来越多的人加入电商行业。这时的电商市场和A城的服装产业"蛋糕"被瓜分殆尽，很多后进入市场的人都意识到生意并没有那么好做。

一是那些优质的服装都被本地大型电商公司和外贸公司垄断了，小公司根本找不到好的工人师傅、好的原料；二是经过多年的经营，那些大型电商公司已拥有一整套完善的销售体系，还有广阔的市场，而那些后进入的公司在国内市场不具备优势，又迟迟打不开国外市场。而随着最近几年A城服装产业的不断衰落，整个城市的品牌效应已经大不如前，这使得大批实力不强的电商公司倒闭。

从市场发展的规律来说，挣钱要趁早，尤其是如今产业的更新换代在加速，要想在市场饱和之前挣到钱，就要想办法成为新行业的引领者，要争取在大多数竞争者进入市场之前占据发展优势。高财商的人对于财富有着灵敏的嗅觉，往往能够挖掘出潜在的商机。不仅如此，他们还是实实在在的行动者，只要设立了目标，就一定会想尽办法达成。

有人曾经询问一个大富豪："为什么你的大部分投资都可以挣到钱？"他笑着说："当某个新兴市场中允许10个人或者20个人投资时，你需要成为第1位或者第2位投资者。"

当整个社会都在探寻获得财富的密码以及盈利之道时，殊不知最简单有效的财富增值方式就是抢在他人之前投资那些优质的项目。因此，一个人财商的高低，不仅在于他们是否有灵敏的商业嗅觉，更在于他们是否有把握商机的魄力和执行力。

第13堂课
寻找一个价值洼地，在鱼多的地方钓鱼

　　许多人都喜欢钓鱼，那么钓鱼最重要的一点是什么呢？有的人觉得应该是钓鱼的技术，毕竟钓鱼技术更高的人能够获得更高的成功率。有的人则觉得寻找好的鱼竿和好的诱饵非常重要，好的工具可以使钓鱼事半功倍。但是很多人忽略了一条钓鱼的最基本法则，那就是钓鱼者必须选择一个鱼多的地方钓鱼，那些善于选择绝佳钓鱼场所的钓友往往才是真正能够钓到大鱼的人。

关于钓鱼的这些法则在资本投资市场同样适用。许多人都在强调自己拥有出色的投资经验和技术、拥有强大的投资团队以及专业的眼光，但在资本市场上，投资者最重要的还是选择一个能盈利的项目、一个有发展潜力的行业进行投资。这种选择往往具有时代属性，因为随着时代的变化和发展，会出现不同的行业以及财富聚集点，而找到这些财富聚集点非常重要。

投资界有一句话："站在风口上，猪也会飞。"能够找到风口的人并不多，只有那些高财商的人，才能真正找到这些财富聚集点，真正把握住各种风口和商机。

近十几年，房地产是最挣钱的投资项目之一。不用看纽约、伦敦、东京、北京、上海这些大都市，只要看一看国内的省会城市甚至是小县城，就会发现在过去十几年时间里，各房地产公司几乎都是以几倍、十几倍的发展速度进行扩张，房价的涨幅也非常惊人，并诞生了一批地产大亨。但是真正能够享受到房地产收益的投资者还是少数，多数人还是缺乏投资眼光。

除了房地产外，互联网也是过去二十年最佳的投资项目之一。互联网中诞生的财富点有很多，网上商城、网络游戏、手机App、自媒体、物联网、新零售等都是非常好的投资项目。

在20世纪90年代，制造业成为很多人投资的方向，也成为聚焦财富的一个"聚宝盆"，但是随着时代的发展和产业结构的不断升级，一大批不具备竞争力的制造业企业开始被市场淘汰，而且整体的利润也不断被压缩，而互联网的发展更是压缩了传统制造业的发展空间。可以说近十几年，全世界的新兴富豪中有一大批人都从事着和互联网行业有关的工作。从前首富比尔·盖茨，到新首富贝佐斯，加上中国出现的一批互联网和电商富豪，他们的成功均得益于互联网的发展。而更多的普通人也在互联网的发展中创业，并且有许多人积累了一大笔财富。

在互联网之后，下一个投资方向就是人工智能领域。现如今很多企业和投资者开始在人工智能领域进行布局，从工厂购买机器人从事生产和制造，到机器人担任商店的售货员，再到家庭生活中的智能家居，以及智能汽车、可穿戴智能设备、人脸识别技术、大数据开发、云计算、虚拟现实技术等，都可以看到人工智能发展的轨迹。目前的人工智能只是一个开端，它还拥有广阔的发展空间。对于社会来说，人工智能是发展的下一个拐点；对于投资者而言，人工智能则是一块公认的巨大的"财富蛋糕"，谁能够率先把握住人工智能的发展潮流，谁就可以更快积累财富。

所以，一个真正有能力的投资者，一个了解并懂得如何获取和驾驭财富的人，善于寻找价值洼地，他们知道哪里聚集着更多的资源和财富，知道在哪里才能钓上财富的大鱼，即使这些人没有什么投资经验，也不懂什么技术，但是只要抓住了机会，站在了风口上，就可以借着风飞起来。

2004年，华女士在北京外国语学院上学，一个朋友建议她可以早些在北京买房，方便以后在北京工作和生活，即便以后不在北京工作，也可以当作投资。

她听从了朋友的建议，于是劝父母卖掉了县城里的一套价值20万元的房子，并将他们以前开超市挣来的50多万元存款也拿出来在北京买房，而当时北京房产的均价还不到10000元。

当时父母很是担心，毕竟这些存款是夫妻俩辛苦几十年攒下来的，虽然在老家还有房子住，但是万一投资不当，就等于多年的积蓄打了水漂。

华女士想办法说服了父母，最终她拿着70多万元在北京北四环附近购买了一套100平方米左右的房子。到了2017年，这套房子的总价格已经突破了1000万元。而在华女士的老家，如今100平方米房龄较短的二手房均价只有60万元左右，当年卖掉的那套房龄已经十几年的房子，如今只能卖40万元左右。

很显然，相比于二、三线城市的楼市，北京楼市更具有财富聚焦效应。而当时华女士一家选择购买北京的房产，无疑是非常有眼光的投资选择。

就投资而言，寻找一个适合投资的领域，比单纯地掌握投资技巧更加重要，这是高财商的一个重要体现，毕竟只有了解哪里有投资的好资源，找准财富所在的方位，才能将财富牢牢把握在手中。所以聪明的投资者会花费大量时间来寻找机会最多、潜力最大的行业，会选择最具吸引力的项目，而这才是真正的商业嗅觉。

第14堂课
不要看什么最挣钱，而要看什么最适合自己

钱某是江苏省某县级市的一位大富豪。在最近十几年的投资中，他精准地把握住了机会，大部分的投资都获得了很高的收益，因此积累了几十亿元的身家。很多人都会觉得钱某一定是房地产商，或者在互联网行业内有自己的产业，再或者就是煤矿老板。事实上，钱某投资的只是水产养殖行业。

在分析钱某所投资的行业时，我们会发现这十几年来

最挣钱的行业，钱某基本上一个都没有触碰，他的投资项目主要集中在水产养殖和海鲜运输方面，据说他投资了几个大型的水产养殖基地，还有自己的渔船和运输车队。

其实早在多年前，朋友就曾劝他投资房地产和互联网。朋友的想法也是合理的，毕竟在之前的十几年时间里，这两个行业是最挣钱的，一大批投资者都在这两个行业中获利。

但是钱先生的想法也很简单，那就是自己对房地产以及互联网投资都没有什么把握，房地产的房价涨得太快，风险也很大。至于互联网投资，自己完全就是一个"门外汉"，虽然互联网的商机很多，但是也有不少骗局，他担心自己会陷入其中。相比之下，他一直以来都在从事水产养殖和运输工作，对此非常了解，而且也积累了大量的人脉资源，销售渠道和客户都比较稳定，虽然盈利比不上互联网行业和房地产行业，但是可持续性更强，这样的生意继续做下去完全没问题。

在投资领域有这样一个重要的信条："将大量的金钱投资在那些根本不需要自己再做出什么其他决策的地方。"简单来说，就是寻找一个自己有把握且最安全的投资项目，而不是一味地想办法去寻找那些更能挣钱的项目。寻找高回报率的项目虽然对财富的快速积累很有帮助，但是从整体上来说，还需要投资者的实力做保证，如果投资者掌控能力有限，那么风险可能会高于收益。要知道，财商中的一个重要能力是"驾驭财富的能力"，如果人们不具备驾驭财富的能力，那么就不要去做一些没把握的投资。

找到一个最适合自己的投资项目，往往是财富增长的关键，这里所谓的"适合"主要是指职业与能力上是否匹配，这个职业自己是否熟悉，是否能够熟练操作。比如从事金融工作或者学习金融专业知识的人，在进行金融方面的投资时自然更有胜算。一个养猪的人对如何养殖可能非常在行，但是让他购买基金，结果可能就是一败涂地。

在现实生活中，人们对于投资往往存在一种盲目心理，觉得某项目最挣钱，就会一窝蜂地投资这个项目。很多人的商业嗅觉很强，对于行业也有一定的了解，但问题在于他们自身的能力可能不足以支撑和满足这一份野心。换句话说，他们可能了解财富在哪儿，却无法顺利获取并驾驭财富。

这里涉及的一个基本概念就是"概率"，概率的高低直接决定了一个项目是否值得投资。比如对于普通人来说，购买福利彩票可能是最挣钱的项目，因为运气上佳的话，可能会中500万元，但问题是中500万元的概率几乎为零，也就是说，这个项目虽然很挣钱，但是人们根本无法把握住这样的机会。从事金融工作也很挣钱，但是你了解对冲基金是什么吗？你懂得如何做股市中的庄家吗？你了解该如何收购一家公司吗？你是否能够驾驭好一次风险投资？因此，当一项投资的成功概率很低时，人们要做的就是远离这个项目。

聪明的投资者永远不会和概率作对，不会罔顾个人的能力去做一些自己无法掌控的事情。许多优秀投资者会对自己发现的一些优质投资项目进行分类，一类是难度很大，不适合自己投资的项目；另一类是难度一般，但自己很有把握的项目。在面对那些难度超出自己控制范围的项目时，他们往往会果断放弃，即便这个项目再诱人也不会染指。

有很多大企业曾经风光一时，可是在时代的变迁中陷入了困境。这些大企业衰败的一个通病就是盲目扩张投资渠道和投资项目。由于主营业务出现了问题，很多企业受到利益的驱使，去追求多元化的扩张，而在这种扩张中，企业往往选择一些高利润的行业，却忽略了自己根本没有能力经营好这些业务，导致最终被这些失控的项目拖垮。

除了能力和概率之外，还有一点也非常重要，那就是竞争性。由于资本市场具有逐利的特性，当人们意识到某个行业或者某个项目的利润很可观时，往往会集中进入这一行业，或者集中投资相关的项目，这样就会导致该行业内或该项目的竞争力增加，那些能力不足、资源不足的人就会成为第一批被淘汰的人。这就是为什么在房地产投资领域，最终的结果是资源向那些大的房产公司集中，财富也向大的投资者集中，多数小投资者都没有赚到什么钱，还有不少人被困在死局里没法及时脱身。

安全投资往往比利润更加重要，可以说，真正有头脑的商人和投资者在注重利益选择的同时，更加懂得如何对风险进行有效控制，他们善于从自身条件出发，寻找最适合自己的投资项目，善于抓住自己最有把握的投资机会，因此这些人往往能够实现财富的稳步增长，能够实现财富的长期持有和长期增值，这样的人才算得上是真正的财富创造者和利润收割者。

第15堂课
打造合理的资产组合

很多人都非常羡慕那些顶级投资大师，诸如股神巴菲特、金融大鳄索罗斯、投资宗师格雷厄姆，还有罗杰斯、彼得·林奇等诸多大师级别的人物，人们觉得这些人总有投资上的"神来之笔"，而这类投资其实就是一种资产配置。与其说这些人是投资大师，倒不如说他们是资产配置方面的大师。

从某种意义上来说，能够对自己的资产进行科学合理的配置，形成高效高产的资产组合的人，往往具有高财商。这样的人可以最大限度地发挥资产的经济效益，可以采取比较合理的生财模式，自然而然，他们对于财富的理解以及驾驭、对于财富倍增模式的掌控也是比较出色的。

当然，要想实现资产的合理组合，首先要做的就是建立一种投资组合的理念。高财商的人都有很强的资产组合意识，而低财商的人可能资产组合意识淡薄。

D先生辛辛苦苦工作二十年，攒下了120万元，一直存放在银行里，希望等到孩子成家时拿出来给孩子买房子。在他的眼中，资产保值的一个方式就是储蓄，毕竟其他投资都有风险，只有将钱存在银行才最保险。正因为如此，多年来他和妻子一直都省吃俭用，为的就是能够存下一笔钱留给孩子。

H先生是一个股票投资爱好者，甚至可以说是一个狂热的股民，身在股市已超过十五年，算得上是一个经验丰富的股民。在日常生活中，他几乎将90%的资产都放到股市中。2016年，他还卖掉了市区的一套房子，用这笔钱来购买股票。在他看来，购买股票是自己最熟悉的投资方式，而且是最容易赚钱的一种方式。

　　严女士是南京的一位退休大学老师，丈夫开了一家超市，生意很是红火。两人有一个儿子，在杭州工作。多年来，夫妻两人积累了一笔数额不小的存款。为了合理分配自己的资产，除了继续经营超市之外，她和丈夫用存款的一部分资金在南京和杭州各买了一套房子，作为固定资产。南京的房子用来自住，杭州的房子则留给孩子当婚房。这两个城市的房子可以说是保值率和增值率都比较高的资产，因此买了房子之后，在比较长的一段时间里，一家人基本上不用担心货币贬值和通货膨胀带来的冲击。

　　严女士的丈夫还用存款购买了国债和一些货币基金。严女士的侄子在东莞创办了一家电池工厂，严女士投资了200多万元，成为这家工厂的第三大股东。严女士还将剩下的资金，一部分购买了家庭保险，一部分存在银行里用于一家人的日常开销以及旅游出行。

在上述三个案例中，可以发现，D先生与H先生的资产配置非常单调，D先生采取了最传统的方式——将钱全部存在银行，而这种储蓄虽然比较安全，但是增值空间基本上不存在，考虑到通货膨胀，将钱存在银行，实际上其购买力每年都在减弱。H先生将大部分资产用于炒股，这样做虽然盈利空间可能很大，但是风险同样很大，考虑到最近几年股市不景气，这样的资产配置实际上同样非常不合理。

相比之下，严女士对于资产配置有着比较清醒的认识，她的财商也是三个人中最高的。为了兼顾个人资产的安全性和增值性，她对个人家庭资产进行了合理的分配，房子、国债和基金、投资办厂、储蓄、保险，这种分配比较平衡，对于整个家庭的长期运转有较多帮助。

事实上，不同的人对于资产配置有着不同的理解，而且不同的家庭情况与生活状态又会导致不同的资产配置需求。但是无论如何，想要有比较安全合理的资产配置，一定要注意一些基本的资产组合原则。

第一，资产类别尽量丰富一些。房产、现金、储蓄、股票、债券、黄金都可以作为资产配置的主要元素。当资产组合的元素比较多时，人们就可以更好地实现风险均摊，确保自己的投资不会出现大问题。

那些单纯购买房子或者单纯购买股票，抑或是直接将钱全部存入银行的人，往往都无法真正支配好自己的资产，也很难实现"钱生钱"。因此，在投资的过程中，一定要尽量确保各类资产之间的关联性比较弱。关联性越弱的资产，在组合过程中越不容易相互影响，整体也更为稳定和安全。

第二，要按照实际情况明确各类资产的比例。一个人在北京，有一定的购房实力，那么房子所占的资产比例可以适当高一些；一些人擅长炒股，那么股票的比例可以适当高一点；整个家庭的开支比较大，平时很难存下钱，那么就要懂得在银行适当多存一点钱；整个家庭的收入整体上比较平稳、可观，那么投资方面可以提高一些比例；如果家庭的收入比较低，经济上不那么富裕，那么最好的方式就是多选择一些国债之类的资产，还要增加储蓄，对于股权类的高风险资产，要相应地缩小比例。越是了解经济、懂投资的人，越是能够把握住一个合理的资产比例，从而确保整个资产组合可以发挥财富保值和增值的功效。

第三，要对资产进行调整与再平衡。这里强调的再平衡是建立在原有的比例分配基础上的，比如很多人会按照房产投资30%、储蓄25%、信托基金和国债25%、股票投资10%、黄金投资5%、保险和现金5%的比例进行配置，但是这种配置会随着时间的推移而产生不同的影响。例如，在房价大涨之后，房产投资的收益会增加，而股票投资反而因为股市不景气而价值缩水，黄金投资的回报率也在下降，这个时候人们就需要调整资产比例，争取实现投资收益最大化。

关于资产组合并没有一个固定的标准，每个人都有不同的经济情况与投资策略。但是无论如何，确保资产多元化，保证资产配置比例合理，并且及时对资产组合进行调整，是人们打造健康合理的资产组合必须把握的几个基本原则。

第16堂课
适当培养借钱的理念

在大多数人的生活理念中，借钱是一件不太得体的事情，不到万不得已，绝对不会借钱。因为人们认为，只有穷人才总是想着借钱，才需要通过他人的金钱救助来摆脱困境。但随着时代的发展，关于"穷人才借钱"的说法根本站不住脚，持有这种观念的人反而成了穷人，那些真正有头脑的人，却往往会走上借贷的道路。

关于借贷是否合理的问题，人们可以以自己为例进行分析。假设你是一位知名的投资商，多年来，依靠投资积累了丰厚的家产，那么每一次投资新项目时，你是自己拿出这笔钱的全部，还是从银行贷一部分款？或者说，假设一个项目需要1000万元的资金，你的银行账户里有1000万元，这个时候，你是直接拿出1000万元，还是只拿出500万元，然后从银行贷款500万元？

对于一般人来说，这个问题几乎不用想，当然是直接拿出1000万元，这样做的好处就是避免向银行借钱，避免被银行收走高额的借贷利息。听上去，这样的想法非常合理，但是对于有经济头脑的人来说，最好的办法是从银行贷款500万元，有人甚至从银行贷款1000万元。虽然这样做需要支付很高的利息给银行，但是有了这笔钱，自己可以用手上原有的资金进行更多的投资。

在富人的经济账中，支付给银行的利息几乎是可以忽略的，他们想的是从银行贷款500万元去做投资之后，可以将500万元变成1000万元，甚至是2000万元，而手中存下来的钱可以去投资其他项目，继续自己的财富增值计划。

所以，当一个人真的有1000万元的存款时，可以用其中的500万元去投资一个可能创造1000万元收益的项目，然后用剩下的500万元连同从银行借来的500万元，去经营一个价值3000万元甚至上亿元的项目。而在这个过程中，这个人只需要支付银行一年几十万元的利息。换句话说，只要自己多支付几十万元的利息，就可以同时经营两个收益可观的项目。如果不借钱，那么其中一个项目就无从谈起。这就是富人的借贷思维，也是他们高财商的一种体现。

运用银行的钱或他人的钱来帮助自己创造更多的财富，这是集中财富资源的一种基本模式，主要是将其他人的资本集中在自己手中，进行投资运作，这样就可以充分拓展自己的操作空间（这里需要注意的是，如果向银行之外的个人进行借贷，必须符合法律规定）。

要知道，手中只有100万元和手中拥有1000万元所面对的投资市场是完全不同的，1000万元的市场和项目可能会更具吸引力，而且即便是同比例的增长，最终的价值也完全不同。就像一个人利用100万元赚到了200万元，和一个人用1000万元赚到2000万元一样，增长的比例虽然相同，2000万元和200万元差了1800万元，而1000万元和100万元只差了900万元，1800万元比900万元要多900万元。

其实类似的现象在生活中非常常见，虽然形式上有所不同，但本质都是利用外界资源来挣钱。

戴先生和妻子经营一家超市，每年的收入都超过80万元，夫妻俩有车有房有存款，生活也算不错，但是2015年年底，两个人拿出了全部的积蓄在北京开了另一家大型超市，还从银行贷款500万元。

很多人对此表示不理解，明明生活已经非常不错了，为什么还要冒险去银行借钱呢？万一生意亏了，这500万元的贷款会变成很大的经济负担。但是戴先生和妻子仍旧义无反顾地做出了投资和借贷的选择。到了2018年，夫妻俩在北京的超市已经开始盈利，并且帮助他们还清了贷款。

2010年，周小姐来到北京。2011年，她就从哥哥那里借来了30万元，又拿出了自己的30万元存款买房。由于这笔钱只能支付一部分首付款，她又从银行贷款100万元买下了房子。

当时父母都反对周小姐的冒险行为，毕竟30万元在老家的县城可以买一套房子，60万元在省会城市也能买一套小户型的房子，完全没有必要去北京买房子冒险，要知道光是100万元的银行贷款就是一个大的负担。

到了2014年，北京的房价上涨，周小姐的房子一下子就涨到了800多万元。之后，周小姐因为要回老家省城发展，便想办法借钱一次性还上了房贷，然后将房子出售，结果在还清银行贷款与亲戚朋友的借款之后，还赚了几百万元。

对于多数人来说，在必要的时候，借钱会成为财富增值的最佳手段，因为个人的资源始终是有限的，当个人的财富不足以支撑起更为庞大的财富增值计划时，向外界借钱来创收就是一个非常高明的方式和策略。

这种策略最常见于房地产公司。其实国内的房地产公司每年的收益都很惊人，但它们同时也是负债率最高的企业之一。这些房地产公司往往欠着银行高额的贷款，即便它们有能力偿还这些贷款，也不会全部还清，因为它们需要借助银行的钱来进行业务扩张和资本扩张。其他的行业中也存在很多类似的现象，尤其是一个行业发展比较景气的时候，从银行借贷便会不断增加，这等于是将广大储户的钱用于投资。

正因为如此，很多了解借贷内幕的人都在说："穷人都在帮银行赚钱，而富人却让银行为他们服务。"格局不同、思维不同，赚钱的能力自然也就不同，用别人的钱来赚钱无疑是更为高效的财富增长方式。

当然，将他人的钱或者银行的钱用来投资，搏的就是总的收益与利息之间的平衡关系，当收益不如利息的时候，意味着亏损；当收益远远超过利息的时候，意味着这笔借贷带来了巨大的盈利。至于如何来判断收益与利息之间的关系，就需要人们对自己所投资的项目进行理性分析了。

PART ❹

高财商的人，更懂得如何处理好人际关系

第17堂课
融入更高层次的朋友圈

2000年6月29日，网易公司成功登陆纳斯达克，当时很多人都非常看好这家新上市的中国企业。但遗憾的是，网易公司上市不久就遭遇了互联网泡沫危机的侵袭。很快，纳斯达克指数不断下跌，网易公司的市值也一路下跌，就连最基本的经营都很难维持。

接着又有更坏的消息传来，网易公司被查出会计涉嫌造假，这对一家上市公司来说无疑是灭顶之灾。在行业不景气又内部麻烦不断的情况下，网易公司的市值跌破了200万美元。在当时的环境下，纳斯达克暂停了网易公司的股票交易，网易公司几乎已经要被宣判死刑了。

网易公司的创始人丁磊一下子就从人生的巅峰跌到了谷底，他当时只希望早点将公司卖掉，免得最后公司一文不值，但是风雨飘摇中的网易公司根本无人接手，丁磊只能硬着头皮，自己谋求生路。

经过一番考察和分析，他决定重点开发网络游戏。在那个时候，网络游戏还是一块新天地，大家都没有意识到它的价值，但是丁磊发现了商机。当然仅仅发现商机还是不够的，由于网易一直在亏损，他根本拿不出钱来制作网络游戏，这个时候他将目光对准了著名的投资人段永平（如今vivo和OPPO的实际掌门人）。段永平是一个非常老道的投资者，也是中国最低调的投资人之一，关于他的信息并不多，但是业内人士都知道段永平的投资眼光和投资水平，而且他本身也是非常出色的企业家。

丁磊在朋友的介绍下，联系到了段永平。丁磊向段永平讲述了自己准备全力开发网络游戏的想法。不久后，段永平用200万美元购入了网易公司的股票。而这笔钱成为网易公司在当时获得的第一笔投资。更重要的是，段永平投资网易使很多投资者增强了对网易公司投资的兴趣与信心，于是紧随其后投资了网易。

再后来，丁磊成功借助网易公司打造的网络游戏翻身，为自己日后的成功奠定了基础。不仅如此，在丁磊认识段永平后，段永平多次指点他，其中投资黄峥创办的拼多多就是一个成功案例，如今拼多多已成为一家非常著名的公司。

关于财富增值，人们经常会说这样的玩笑话："要是我在×××年认识马云多好""要是我在20岁的时候遇见贝佐斯多好""要是我当初辞掉工作，天天和×××公司的老总一起打牌多好"。类似的玩笑话大都反映出人们渴望与那些高层次的人交往，人们对于优质人脉的关注度一直很高。对于那些能力强的人来说，其本身就是一个资源池，充满着能量。

那些有商业能力、商业头脑的人，不仅拥有大量的优质资源，还可能有多个优质的投资方案和投资项目，因此认识这些人也就会更容易接触那些好的投资项目。比如某人认识一个包工程的老板，这个老板可能就会建议这个人投资相关的工程，这样这个人就轻而易举地进行了一笔优质的投资。

不仅如此，那些优秀的投资者还拥有强大的社会关系网络，他们的社会资源和商业资源都非常丰富。一个顶级的投资者，他的周围往往会形成一个顶级的投资群体；一个顶级的商人，他的朋友圈中也不缺少顶级的商人；一个顶级的企业家，他的合作伙伴名单和客户名单上，必定都是一些成功的企业家。朋友圈中，只要其中有一个人拥有一个好的项目或者好的投资方案，那么这个人就能够给大家带来更好的商机。优质资源的共享和优质商业机会的贡献会带来很多便利。

此外，那些优秀的投资人，本身就具备很高的财商，他们对于财富、投资的理解，对于商业运作的经验，都是一笔巨大的财富，同这些人交往和接触，有助于人们吸收好的经验，接触更高层次的投资理念。

2008年，B先生在北京认识了一个投资界的朋友，对方劝他趁着房价不高时买房，用来自住或投资。他听从建议买了两套房子，几年后这两套房子的价值翻了八倍多。而C先生在某三线城市，听从别人的指点投资了几个商铺，结果这几年一直处于亏损状态。同样是接受他人的建议，北京的那位投资者无疑更具有投资眼光。

所以，真正的问题是，有时候你不需要有多强的投资能力，不需要拼命寻找商业投资机会，只需要你认识的人是高财商的投资者。借助人脉关系的优势，你可以拥有人才及其背后的那些优质资源。正因为如此，想办法融入更高层次的朋友圈往往很重要。而认识那些高财商的人，前提在于自己能够得到他们的认同。你不妨问一问自己下面的几个问题。

你是否能够找到对方最喜欢也最常讨论的话题？

你是否具备一定的个人价值？

你是否拥有与对方匹配的见识和思维？

你是否愿意与富人接触，是否认同他们的成功模式？

归根结底，只有提升自己的个人价值，才能更好地融入高财商人士的群体，也才有机会借助高财商人士的力量完成自己的财富增值计划。

第18堂课
挖掘他人的需求，提升自己的价值

许多商业谈判常常会因为价格谈不拢而作罢。虽然价格因素是商业谈判的一个要点，但并非决定商业谈判是否能够获得成功的关键因素，更不是一个本质性的因素。

卖方认为自己的成本很高，价格必须定得高一些。买方觉得自己的产品利润被压得很低了，如果购买价格太高的话，利润就会被进一步压缩。两方的想法看起来都有道理，但问题在于价格并不是由成本来决定的。稍微了解市场经济的人都知道一个基本的原理，那就是供需才是决定市场价格波动的主要因素，当供大于求的时候，价格自然无法涨上去；当供不应求的时候，价格自会上涨。对于想提高财商的人而言，这是一个最应该了解的基本规律。

那么什么才是决定供给和需求的关键呢？

简单来说就是价值。

对于卖方来说，判断自己的产品是否具有很高的价值的依据是，这些产品刚好是买方迫切需要的，买方找不到替代品，也就没有讨价还价的余地。这个时候就可以说卖方产品的价值很高，或者说卖方有条件把价格抬高，因为其产品被市场迫切需求，这就使得卖方能够掌握谈判的主动权。

换一个角度来说，如果卖方能够打造出高价值的产品，迎合市场的需求，成为市场上不可或缺的一分子，那么其在市场上的价值和地位就会凸显出来，产品的价格自然可以居高不下。

苹果是手机市场上最受欢迎的品牌之一。2010年6月

iPhone4一经推出，就在全球掀起了购买热潮，并且直接开启了苹果手机的黄金时代。当时苹果公司将手机价格定在了一个很高的位置上，苹果手机就是高端手机的代名词，没有任何一款高端手机能够挑战它的地位。

更重要的是，苹果手机每一次推出新款都会引发全球的关注，"果粉"（苹果产品的忠实粉丝）甚至通宵排队购买。在差不多十年的时间里，苹果手机每年都从全球手机市场获取非常惊人的高额利润。

那么乔布斯和库克带领的苹果公司是如何在手机市场占据领导地位的呢？做法只有一个，那就是打造独一无二的品牌价值，提升市场的需求热度。

苹果公司真正将触屏技术推广开来，虽然其他手机品牌也这么做了，但是用这项技术引领手机发展的还是苹果公司。同时，苹果公司打造了丰富、独立的生态环境，无论是硬件系统还是软件系统都非常出色。苹果公司还依据自己的操作系统，开辟了手机App的巨大市场，这是引领智能手机进入市场的"大招"。

尽管现在苹果手机有些让人感到审美疲劳，但是在几年前，苹果手机的每一个创新之举都会引发世界的惊叹。对于消费者来说，如果他们不选择苹果手机，那么将会失去好的手机体验，而这种体验决定了苹果手机的价值。

苹果公司在为苹果手机定高价的同时，还想方设法降低成本，和苹果公司做生意的厂家都会抱怨苹果公司总是拼命压低价格，无论是材料还是配件，苹果公司都会尽量缩减购入的成本。但对于那些供应商与合作商来说，哪怕苹果公司一直在压价，自己也仍旧可以获得利润，因为苹果手机是世界上最畅销的手机之一，它的订单量非常惊人。可以说，有很多厂家甚至排着队等着和苹果公司做生意，因此苹果公司在当时的市场上几乎占据了绝对的主动权。

在资本市场，有一条简单的生意经："你永远都要提升自己的价值，而这种价值不在于你会什么、能够提供什么，而在于别人能够从你身上获得什么。"因此，真正高财商的人，永远都在挖掘别人的需求和市场的需求。只有迎合他人的需求去开拓市场，才能在市场上掌握话语权。高财商的人往往不会将注意力集中在控制成本和一时的利益之争上，对于他们而言，了解并掌控市场上的供给变化，才是最重要的。

所以，人们在做生意的时候，首先要做的就是进行市场调研，明确市场需求、了解相关产品的供给情况，然后迎合这些市场需求即可。从某种意义上来说，各行各业都是如此，有人需要菜刀，那么就有卖菜刀的人；有人需要热水器，就有人卖热水器。企业在研发产品的时候，可以通过市场调研来寻找市场需求，并把握住迎合市场需求的机会，这才是市场经营的关键一步。

此外，人们还应该看看这些市场需求是否迫切，市场是否已饱和。比如每隔一段时间，国内就会出现大枣滞销、大蒜滞销、核桃滞销、萝卜滞销之类的新闻，原因就在于市场具有盲目性，人们通常只关注市场上是否有需求，不看重市场需求是否已经饱和。当所有人都一窝蜂地投资某一个项目时，市场上的供给也就过剩了，供需平衡就会被迅速打破。

当然，除了迎合需求和避免供给过剩之外，对于市场潜在需求的挖掘也非常重要。高财商的人往往具有独到的眼光，他们总是在关注市场上还有什么需求未被挖掘和开发出来。因为在很多时候，市场需求还是具有一定的隐蔽性的，无法通过简简单单的数据分析就能找出来。比如某人去寺庙里推销梳子，很多人会觉得这个销售员是个傻瓜，因为寺庙里都是光头和尚，没人会用得着梳子，但是和尚不需要梳子，游客可能需要，游客往往会觉得寺庙中的物品具有特殊的意义。

所以说，只要稍微转变一下思维，就可以挖掘新的市场需求，建立新的市场供求关系，这就是高财商的一种重要表现。

第19堂课
选择优质的合作伙伴

在当今世界的财富格局中，最重要的一个部分就是建立合作机制。建立稳定、可靠、高效的合作机制，有助于帮助人们实现财富增长的愿望。小到个体户，大到跨国公司的老总，都需要在合作中获利，因为当前的经济发展模式和市场运作模式不再是一对一的物物交换，而是涉及更多的利益关联体，很多时候需要强强联合才能做好一件事，尤其是当合作双方拥有共同的目标时，更是需要通过合作来提升效率。

S先生在南方经营一家装修公司，他想要进军北方市场。而他的朋友则在北方经营一家建材公司，希望将自己的装修材料卖到南方。

这个时候，双方完全可以进行合作，S先生可以依靠自己在南方的市场资源，帮助朋友打开南方的建材市场。同样地，他的朋友也能够向自己的新老客户推荐S先生的装修公司，帮S先生打开北方装修市场的大门。这样一来，两家公司都可以获得不菲的利润。

实际上，如今的跨国公司合作共赢非常常见。一家跨国公司想要进入欧洲市场，那么第一件事不是推销自己的产品，而是寻找欧洲当地顶级的供应商与合作商。如果这家跨国公司想要在欧洲市场销售汽车，那么就可以和当地的4S店和汽车经销商合作，还可以和当地的车企成立合资品牌，这样跨国公司就能够借助当地经销商和车企的市场资源开拓市场，而当地的车企基本上也能利用这家跨国公司的技术和品牌提高自己的影响力。

同样，真正高财商的人不会单打独斗，他会将工作交给自己的雇员去完成，而拥有更高财商的人则会想方设法将工作交给别的公司的雇员去完成。

有一家蛋糕店能够做出非常可口的蛋糕，但是这家店的蛋糕包装并不出彩，所以蛋糕店老板可以与一家包装盒公司进行合作，这样就可以借助更加精美的包装盒为蛋糕增加额外的价值。

有一家机器制造公司总是选择从一家钢圈生产商那儿进货，双方每年的交易额达到了5000多万元。机器制造公司新上任的总裁觉得有些吃亏，毕竟这5000多万元的钢圈如果换成公司自己来生产，就可以多挣一大笔钱。于是，这家机器制造公司建立了一条钢圈生产线，并且直接中断了与钢圈生产商的合作。可是两年之后，这家公司投入几千万元打造的钢圈生产线一直运作得不如意，钢圈的质量不过关，产量也无法跟上需求。

更致命的是，当公司将部分精力投入钢圈生产中的时候，其他生产线的产品也受到了很大的影响，工厂几乎面临瘫痪的风险。之后，公司寻找了多家钢圈生产商，可是他们生产的产品都无法和之前那家生产商的产品相媲美。

高财商的人看待合作，看的是合作背后成倍增长的利润，而低财商的人眼中的合作不过是别人会拿走自己的一部分财富。

真正的合作往往可以使效益成倍提升，它带来的结果不是"5＋5"，而是"5×5"。资源互补、优势互补带来的能量足以使财富成倍增长，同时还能减少潜在的各种风险。

不过合作并不意味着一定能够实现盈利，只有正向的合作才能产生利润，而负向的合作只会成为阻碍。合作伙伴的资质和实力至关重要。肯德基会和一家实力很弱的鸡肉供应商合作吗？宝马公司来中国后会随随便便找一家汽车公司成立合资品牌吗？一些跨国公司会轻易相信一家小猎头公司的广告宣传吗？

高财商的投资者、企业家，一方面会要求自己变得更加优秀，另一方面也会要求自己的合作伙伴必须拥有强大的实力，毕竟只有优质的合作伙伴才会让财富增值更有保障。这里所说的优质，并不只是简单的规模大、资金足或者技术好等硬件条件过关，软件也要过关，即这个合作伙伴的品牌如何，企业文化怎样，在市场上的口碑怎样，是否会认真对待每一次合作等。这些软实力同样非常重要。

比如一家小公司和一家世界500强企业进行合作，可是这家世界500强企业每一次宣传的时候都只顾及自己的品牌，每一次进行利润分成时都尽可能提升自己的利润份额。而且这家世界500强企业还经常仗着自己的地位提出一些不合理的要求。很显然，这样的合作方式不会给这家小公司带来更多的盈利，只会将其当作成功的垫脚石。

除此之外，优质的合作伙伴还必须是适合自己的。一家小型电子公司，是不是一定要寻求与苹果公司、三星公司进行合作呢？一个卖烧饼的摊主，是不是一定要和肯德基这样的公司进行合作呢？一个小裁缝是不是总要想着如何与阿玛尼这样的品牌攀上关系呢？对于高财商的人而言，不一定非要寻找最优质的合作伙伴，寻找最适合自己的合作伙伴往往才是当务之急，才是实现财富增长的保障。

比如，一家自行车制造公司的产品非常平民化，所有自行车的价格基本上都维持在几百元，这家自行车制造商寻找的零部件合作商也都比较普通，大家可以在低端市场上共同获利。可是一旦这家自行车制造商选择和欧洲顶级的自行车零部件供应商进行合作，就可能弄巧成拙，对方提供的碳纤维材料或者顶级轮胎价格都超过了好几辆自行车的价格，这显然会对这家自行车制造商的战略规划以及市场经营模式造成冲击。一辆自行车本身只能卖几百元，但是如果轮胎的价格就高达几千元，或者刹车系统就价值几千元，自行车基本上就会失去原有的市场和消费群体。这样的合作显然起到了负面作用。

因此，在选择优质合作伙伴的时候，应该重点看看自己最需要什么、自己的缺点是什么，然后寻找那些能够最大程度弥补这些缺点的合作伙伴，这样才可以在优势互补中实现财富的增长。

第20堂课
投资本身就是一个挖掘潜力股的过程

二十三年前，有多少人能够非常自信地对恒大公司进行投资？二十年前，谁会去了解扎克伯格，谁会看好Facebook公司？大约十二年前，有多少人会认为国内的快递行业会发展得如此迅猛？

每一个时代都会存在各种各样的投资者，也存在各种各样的投资项目，但是在认知局限下，大多数人都无法预测这些项目究竟会发展得如何。换句话说，并不是所有人都善于挖掘那些潜在的优质项目。在任何一个行业中，只有那些最具商业眼光的人，才会挖掘出那些"潜力股"。

2007年年底，原本在一家建筑公司上班的莫先生意识到快递行业会有很大的发展，便和妻子商量着辞去原有的工作，在县城开一家快递营业点。

当时使用快递服务的人并不多，但是莫先生觉得随着生活水平的提升，人们网络购物的需求会大量增长，这个时候就需要使用快递服务。因此，快递公司必定会快速发展起来。在经过市场调研之后，他很快加盟了一家著名的快递公司。

果不其然，随着电商的快速发展，快递行业也迅速发展起来，莫先生作为当地最早开设快递营业点的人，不仅生意兴隆，而且在周边城市还开设了快递营业点，他因此积累了巨额的资产，成为当地有名的富翁。

有句老话说，真正赚钱的行业和投资项目是多数人都看不见也想象不到的，那些不被关注的行业往往最有可能成为黑马。

互联网最初出现的时候，被认为是不可靠的；保险行业最初产生的时候，被认为是骗子行业；新能源汽车出现的时候，被当成一种圈钱的投资游戏。但如今这些行业都已经成为社会中不可或缺的，而最初投资这些行业的人因为自己的先见之明已挣得盆满钵满。而带动这些有巨大潜力的行业发展的往往是一些优秀的投资者和企业家，他们本身就是"潜力股"。

人才市场上的"潜力股"并不多，而发现"潜力股"更是需要拥有非同寻常的战略思维，了解相关行业和项目的发展前景，同时要了解这些"潜力股"的战略思维和投资方向，看看相关的人才是否能够正确地把握住发展的脉搏。

1998年，亚马逊创始人贝佐斯给股东写了一封非常特殊的信。在信中，他重点谈到了人才问题，尤其是如何挖掘人才的问题。当时他反复强调这样一个观点："要想在快速变化的互联网行业获得成功，没有优秀的人才是不可能的，因此保证对应聘者的高要求，是亚马逊今后成功的最重要因素。"

对于人才招聘问题，他当时对负责招聘工作的人提出了一些建议——在面对人才时，要懂得多问自己几个问题：

"你是否欣赏这个人？"

"这个人能否提高整个团队的工作效率？"

"这个人是否能够成为某方面的超级明星？"

这三个问题是递进式的，其中最重要的一点就在于挖掘那些潜在的超级明星。在公司和团队内部是这样，在进行投资的时候，更应该问自己类似的问题："这个人是否能够成为行业内的超级明星？""这个人是否能够成为一个具有强大盈利能力的人？"询问自己这样的问题，有助于人们在进行人才招聘时擦亮眼睛，尽可能不要遗漏那些"潜力股"。

2004年8月，蔡先生受一个朋友之托去江苏考察一家地产公司，朋友希望能投资这家地产公司，所以请蔡先生帮忙看看情况。

到了江苏之后，蔡先生开始考察这家地产公司，发现虽然公司规模还不大，公司的办公大楼也还没有装修好，但是在与这家地产公司的老总交谈之后，他意识到对方有着非同寻常的战略布局，至少对方对于地产公司的布局，以及对房地产行业未来发展趋势的理解，就与其他地产公司的老总完全不同，这家公司似乎更加注重打造一个局部的地产生态圈。

在参观这家公司的样板房以及看了小区规划模型之后，蔡先生意识到了这家房地产公司的与众不同。虽然这家公司还没有打开市场，整体的实力也不强，但是它的理念代表了未来的居住模式和生活模式，代表了人们最真实的生活需求。

考虑再三之后，他劝朋友不要犹豫，直接投资这家公司，并且自己也投了一笔钱，成为这家公司的股东。2015年，这家公司的销售额突破了500亿元，公司的估值达到了千亿元级别，蔡先生仅依靠手上的股份，就获得了不菲的收入。

对于高财商的人来说，寻找并挖掘出优质项目，是把握商机的一种方式。但是挖掘这类项目的前提是拥有能够辨别它们的能力，这种能力往往是由个人的商业嗅觉以及对财富的理解能力决定的。当然也需要一些最基本的评判标准，比如分析相关项目在未来十年的发展趋势，找到项目的最大优势，并了解清楚这些优势是否能够成为项目长期发展的动力。

有位著名的投资者曾经提到了一个"10-10-10"的投资原则。简单来说，就是在投资一个项目之前，先分析这个投资决策在10分钟后会对自己产生什么影响；投资这个项目10个月之后会产生什么影响；投资这个项目10年后会产生什么影响。当人们可以更加理性地分析问题时，自然也就可以确定自己投资的对象是不是"潜力股"了。

投资是为了追求利润的最大化，所以投资者往往都希望用最低的成本赚取最大的利润，这就需要尽可能地寻找那些投资回报率高的项目，这类项目在短期内可能会表现不佳，但长远来看会使财富倍增。

第21堂课
不要轻易拒绝自己不喜欢的人

包先生是一位著名的投资人。2016年，他投资了著名企业家陆先生的一个项目，这次合作在业内引起了很大的轰动。因为包先生此前已经明确表态不喜欢陆先生的为人，他觉得对方太喜欢炫耀，更像是一个"网红"企业家，平时在节目上口无遮拦，完全没有企业家的样子。对此，陆先生放话说包先生只不过是一个过时的投资人，是在嫉妒自己的才华而已。两人在媒体上来来回回大战了几个回合，一度沦为大家的笑谈。而这一次两个人能够摒弃前嫌进行合作，实在让人看不懂。

可是站在媒体面前，包先生还是非常爽快地谈到了彼此之间的关系："他是一个彻头彻尾的混球，我不喜欢和这样的人交朋友，老实说，如果有一百次宴会中，我大概有九十九次都不希望见到他。但仍旧会有一次宴会，我愿意和他喝上一杯，他会给我提供一些好的投资方案，这是我无法拒绝的东西，而且我为什么要拒绝呢？就投资眼光而言，他真的算是一个天才。"

在生活中，多数人在投资、创业的时候，都会将个人的情绪和私人感情放在重要位置，而这些情绪化的操作很容易导致人们做出一些错误的投资决策。

比如自己和某个客户闹了矛盾，那么下一次有好的合作项目时，就会直接将对方排除在外，或者坚决与对方断绝关系。当自己不喜欢某个人的行事做派，或者不喜欢某人的性格时，就会尽量远离对方，甚至将对方排除在圈子之外。

人们习惯在一个自己感到舒适的环境中进行投资，习惯在一个自己感到舒服的社交圈中寻找合作伙伴。这种社交舒适度主要在于几个方面：性格是否契合（性格差异比较大的人不容易相处，而且常常会彼此看不上眼），职业和地位是否悬殊（当两个人的社会地位和收入差距太大的时候，彼此之间的交流会显得有些尴尬，而且的确不容易产生太多的共鸣），兴趣点如何（拥有共同兴趣点的人往往能够产生更多的话题，而那些兴趣爱好不同的人，有可能会缺乏更多深度交流的机会，甚至在交流时牛头不对马嘴），素养是否对等（有些人有着良好的生活习惯和精神素养，而有些人有不良的生活习惯，这两种人很难聊到一块儿）。

郑州的某个企业家准备在酒店里招待一位来自南方的客户，可是当他得知对方点名要吃狗肉时，这个企业家非常生气，他最讨厌的就是吃狗肉的人，觉得那些吃狗肉的人缺乏爱心，为人过于残忍。所以，当客户来电询问有没有狗肉时，他非常生气地挂掉了电话，然后通知秘书取消这一次的招待和会谈。正因为吃狗肉，这个企业家最终失去了一份价值15亿元的订单。

当人与人之间存在类似的差异时，自然就会形成交流上的障碍。那些兴趣爱好等相近或者相同的人，则很容易产生亲近感，久而久之，他们就会形成一个稳定的社交模式和社交圈。

从财富增值和个人发展的角度来说，一个人周围的朋友往往决定了这个人的发展上限。那些让你感觉很舒适的人，以及能够和你聊得很开心的朋友，可能并不能给你带来财富增长的机会。相反，如果能够走出社交舒适圈，去接触其他不同类型的人，反而有可能接收到更新的信息，接触到更多的资源和机会，即便对方不是自己喜欢的类型，甚至可能和自己有一些冲突。

一个高财商的人是不会轻易被个人情感蒙蔽双眼的，也不会轻易被个人的情绪影响，往往会以大局为重。三星公司和苹果公司斗争了很多年，双方一直都希望能够降低对方的市场影响力和品牌影响力，为此还曾多次发起诉讼和反诉讼。可是即便如此，两家公司还是在一些重要的商业项目上进行合作，确保彼此能够实现共赢。

2019年年初，三星公司对外宣布三星智能电视的用户将有权访问iTunes，而且三星公司将为苹果公司的手机和平板电脑提供关键的硬件配置和屏幕。而苹果公司也很快对外宣称，iPad和iPhone上的相关内容可以直接投射到三星的电视上。

苹果公司的一位高管曾经在媒体面前袒露心声，他认为无论三星公司和苹果公司是打官司还是和好，本质上都是为了维护各自的利益。从大局来看，这两家公司在未来几年甚至几十年时间里都将是死对头，大家互不喜欢，可是一旦有什么好的项目，双方还是会通过合作来取得更高的收益。

真正高财商的人是谈不上有什么仇敌的，也不存在将某一类人直接排除在合作名单之外的现象，他们的心胸更为豁达，包容性也更强，不会因为私人恩怨或者个人喜好就做出情绪化的决策。这样的人会主动走出社交舒适区，适当地迎合别人，他们在社交圈尤其是商业社交圈中往往很有分寸，对人脉资源的积累和拓展往往也都会做得非常出色。事实上，他们不会轻易错过那些能够给自己带来商机和财富的人。

PART ⑤

财商思维，
不让你的财富
轻易缩水

第22堂课
发散思维，不拘泥于惯性思维

　　提起麦当劳，大家的第一印象就是，这是一家世界知名的快餐公司。接下来大家想到的就是汉堡、可乐和薯条，似乎这些才是麦当劳公司的盈利点，才是支撑麦当劳公司走向世界的经济支柱。但事实上，房地产才是麦当劳公司的经济支柱。

　　严格来说，麦当劳就是一家房地产公司，只不过它的包装和宣传都是那些诱人的汉堡等。许多做这一类快餐的公司也能从汉堡之类的美食中挣到钱，但是利润绝对不会太高。世界上效仿麦当劳的餐厅有很多，中国市场上更是可以一下子拎出来许多类似的品牌商，但它们大都很短命且利润微薄。至少很少有类似的快餐品牌可以像麦当劳那样挣钱，并且将产品和品牌推广到全世界。原因就在于多数商家都没有麦当劳老总那样的财商。

回到这个话题的原点——麦当劳是一家房地产公司。那么，麦当劳公司究竟是如何在房地产领域进行商业布局的呢？

答案很简单——品牌效应。作为一个国际级的大品牌，麦当劳非常注重选址，并且会将店面附近的商铺和地产垄断，然后通过房租（出租给店家）获取利润。麦当劳通过自己的店面吸引大量的顾客，人流量的增加会带动周边商业的发展，形成繁华的商业街，这个时候早就在房地产方面进行布局的麦当劳就可以在房产价格暴涨时获得巨额利润。

什么是财商？麦当劳的房地产策略就是财商的体现，而且这种商业操作手法非常高明，它的本质就是通过品牌效应寻找回报率最高的项目。

对于麦当劳公司来说，快餐类的食物已经无法满足其对于利润的需求了。想要增加收入，房地产绝对是最佳的选择。类似的操作其实还是比较常见的，其原理也很简单，那就是声东击西。商家的商业布局并没有集中在其推出的产品上，而是看重产品营销背后的经济效益。这就是一种发散性的商业思维，它是财商的一个重要部分。

了解汽车销售行业的人都知道，除了少数进口的豪华车之外，卖大多数车都不挣钱。那么那些汽车经销商难道就不挣钱了吗？

绝对不是，汽车经销商以及4S店的主要利润来源于汽车装饰以及汽车保养和维修，这些业务才是真正能使其获得利润的业务。当客户以较低廉的价格买到心仪的汽车后，可能就会将汽车的保养和维修交给4S店。在这里，汽车经销商或者4S店卖的不是汽车，而是服务，服务可比汽车本身更加值钱。普通人看到的是汽车，而高财商的人看到的是汽车背后的服务。

如果商家觉得这种商业模式的不可控因素比较多，顾客很有可能选择其他商业伙伴和服务商，那么加大销售的力度是一个很好的选择。

许多机床制造商都在想办法推销自己的机器，不过市场并不景气，甲、乙、丙、丁等多家企业相继降价，结果谁的日子都不好过。有家企业推出赠送活动，将未组装的机床全部送给顾客。很快，市场上就有人等着看笑话了，觉得这家公司用不了一年就要破产，但事实上，这家公司很快成了市场上的"领头羊"。

为什么会这样呢？原因很简单，这家公司的产品虽然是免费的，但组装以及后续的保养、维修、系统升级等都是需要付费的。对于使用者来说，他们购买了相关产品，其实也就等于购买了与之配套的服务。而当产品用顺手之后，用户的忠诚度自然就提升了。

这些都是对经济关联性的把握，换句话说，真正高财商的人往往看得更深入、更长远一些，他们善于在行业生态圈中寻找一个最大的利益点。所以，真正的发散性思维并不是漫无目的的发散，它是需要遵循规律的，操作者需要对自己所做的工作或者所处的行业进行深入的了解，清楚整个行业生态圈中的流程，并在这个流程中找到关联性很强的一些突破口。

人们常说高财商的人知道钱在哪儿，厘清行业生态圈的本质就是找到哪里能挣到钱，哪里的钱更好挣，而没有对财富的清醒认识以及发散性的思维，是不可能知道这些的。

当然，这种发散性思维并不局限于对行业生态圈的了解和掌控，还在于对相关经济规律的了解。以最基本的供求关系为例，众所周知，一件产品在降价后往往会卖得更好，而在涨价后，销量会受到影响。但在很多时候，这种供求关系会受到顾客心理的影响，以至于出现物价上涨、销量上涨的情况。

2013年，我国北方多地出现了水果大降价的情况，很多苹果产地出现了比较严重的滞销情况，许多人不得不降价甩卖，却陷入了越降价越不好卖的怪圈之中。

为了避免腐烂，许多人都打算将苹果以每斤1元的价格出售，但是山东某个农户逆市涨价，将自家的苹果从每斤5元直接涨到了每斤11元，结果短短的一个月时间，就从网络上收获了大量的订单，滞销的苹果被顺利售出。

为什么会出现这种反常的事情呢？原因就在于多数人

会觉得这么贵的苹果一定是优良品种，一定要比其他苹果
更好吃。

在现实生活中，人们的行为往往受到惯性思维的支
配。惯性思维有时候会带来便利，使得人们更加轻松地做
出判断，但在某些特殊时刻就会成为封闭思想、束缚视野
的罪魁祸首。

只有打破惯性思维，透过现象看本质，人们才能更好
地运用经济学规律来指导自己的经济行为，才能使自己的
工作和投资更有方向性。所以，还是那一句老话："真正
会做生意的人，一定是脑子灵活的人。"他们往往不会轻
易被束缚在大众化、模式化和常规化的思维当中。

第23堂课
与时俱进，在潮流面前要主动寻求改变

任何一个时代都有代表性产业，这些代表性产业往往也是财富聚集点。只要能够把握住这些代表性产业，就能够获得惊人的财富。

换言之，一个人财商的高低往往和自身对时代的把握能力有关，或者说，财商本身就具有一定的时间属性，这是时代纵向发展与经济学纵向发展的必然结果。古人的一些经商智慧在当今仍旧适用，但是当今的经商环境以及经商的流程已经不同于古代社会的了。一个真正高财商的人，一个对财富和资本有着强大感知和掌控能力的人，必定会迎着时代潮流的发展把握新的商机。

一对大学情侣设计了一个小程序，可以帮助大学生更好地了解全校师生的订餐情况，从而为商家提供商机，甚至为那些专门负责帮助其他人打饭的学生（勤工俭学的学生）提供更多的挣钱机会。

这个小程序虽然并不成熟，但是这个概念非常吸引人，他们的小程序很快就被一家互联网公司高价收购了。

这是一个非常典型的互联网成功模式，要知道，传统工业时代的销售人员，为了获得资金和市场，销售的是产品。后来慢慢进化出了服务，于是销售服务成为商家的一个重要方向。

而在移动互联网时代，最流行的是概念销售。很多从事移动互联网行业的企业或者个人，往往只需要提出一个有创意的好点子或者好的概念，就可能实现初步融资。我们可以反省一下自己，是否有类似的点子，是否能够在时代潮流中嗅到商机。

做到与时俱进往往是很难的，因为人很容易故步自封，一般不会主动求变，不愿意放弃自己已经形成的商业模式。

比如20世纪90年代在东北颇具知名度的一个钢铁厂老板，在卖掉钢铁厂后，一直从事煤炭开采以及钨矿开采的生意，这些年却身价暴跌。原因很简单，资源开采、加工和买卖的生意已经落伍了，那些聪明人选择进入新的行业，尤其是21世纪前15年的房地产行业，以及如今非常火爆的互联网行业。

如果对富豪榜进行分析，就会发现传统行业已经逐渐失去竞争力和影响力了，新生代的富豪大都集中在一些新兴行业当中，他们是最了解时代变化的人，也是最能够把握时代节奏的人，他们依靠灵敏的商业嗅觉，实现了财富积累上的"弯道超车"。

2000年，河南有个年轻人借了一笔钱去北京开网吧。那个时候网吧刚刚流行起来，生意非常火爆。没多久，他就赚取了人生的第一桶金。

2008年，这个年轻人在网上开了一家淘宝店，销售农副产品，结果没几个月的时间就打开了市场。之后的几年时间里，每个月的收入都能突破100万元。

2016年，他和朋友一起投资了一家研发指纹识别技术、虹膜识别技术以及人脸识别和支付产品的科技公司。2018年，这家公司在中国香港成功上市，他的投资回报率高达5倍。

许多人觉得这个年轻人运气很好，但他之所以能够精准地抓住每一个利润爆发点，原因就在于他准确把握住了每一个投资风口，无论是2000年左右开始火爆的网吧生意，2008年前后兴起的淘宝网购，还是最近几年非常流行的生物识别技术和支付技术，都具有鲜明的时代性。低财商的人，往往无法精准地找到时代的节奏，他们甚至没有意识去把握这种节奏。

与时俱进是高财商的一个重要表现，它的目的在于打破环境的束缚，赋予商业一种新的能量，但这种模式并不局限于新的行业或者新的领域，一些传统的行业只要改变经营模式，一样可以焕发生机，成为绝佳的投资项目。

比如养猪，可以说这已经拥有至少几千年历史。在商品经济时代，养猪成为一种致富的手段，而最近几年猪肉市场波动较大，猪肉价格的暴涨和暴跌已经严重影响了养殖者的信心。更重要的是，传统的养殖模式已经有些落伍了，无法迎合人们对猪肉的新需求。

过去，养猪只是为了提供猪肉。那个时候，人们对于猪肉的品质并不那么看重，但是现在人们更加注重健康，一些更加健康、科学的养殖方式受到了大众的关注，相关的猪肉产品受到了市场的热捧。也可以说，这是顺应时代需求的一种新包装，毕竟经营模式、宣传模式的改变都会促进新的消费需求产生。现在的网红经济、微商经济也都是包装手段。常常是那些真正把握住潮流的人获得了财富。

第24堂课
如何花钱也是一门大学问

20世纪90年代，有三对夫妻一同进入东北一家钢铁厂上班。到了2006年，这家钢铁厂因为经营不善而被另一家钢铁厂收购。于是，这三对夫妻拿了补偿金离开了工厂。

第一对夫妻拿到补偿金后，将钱全部存入银行，将来用得着的时候再取出来。

第二对夫妻一直都想拥有一套自己的房子，所以拿钱在沈阳买了一套房子。虽然夫妻俩背负了一些房贷，但是总算有了自己的房子，生活也算安稳下来了。

第三对夫妻则不同，丈夫认为，钱存着不拿出来用，那就等于一堆纸，而买房子的需求虽然非常迫切，但他们的工作还没有着落，如果把钱用来买房子，那么以后的生活可能就非常困难了。思来想去，他决定和妻子创业。2007年年初，他带着妻子到深圳创业，开了一家螺丝制造厂。

2017年，第一对夫妻当年所存的补偿金在几年前就已经花完了。第二对夫妻虽然没有多少存款，但沈阳的房价已经翻了几倍，这套房相当于帮夫妻俩多挣了几十万元。而第三对夫妻因为创业成功，已经积累了几千万元资产。

对于财富的认知，往往决定了个人财商的高低。而这种财富认知不仅包括如何把握商机，还包括如何花钱，比如花钱的方式、花钱的渠道、花钱的程度、花钱的态度、花钱的时机，这些都可以体现出一个人对于资金、财富的认知。

很多时候，花钱和挣钱的界限并不那么明显，因为花钱也可以是一种投资，而投资本身是用来挣钱的。投资越挣钱，就证明了这笔钱花得越到位。

在日常生活中，多数人对于花钱的认知只停留在消费的概念上。当一个人有一大笔可以用来消费的资金时，可能会购买汽车、奢侈品，会想方设法吃好的、穿好的、用好的，会到处旅游，充分享受花钱的滋味。

日常的享受型消费不会产生什么经济效益，吃一杯哈根达斯冰淇淋，或者使用一个LV（路易威登）手包，又或者购买一辆奔驰汽车，这类消费无疑会对个人财富造成折损，因为这些消费品往往会从购买的那一刻起开始贬值，甚至随着消费行为的结束而失去价值。在整个过程中，花掉的钱以及购买的东西并没有带来明显的经济效益。

而拥有经济头脑的人会将花钱与投资结合在一起，比如同样是将钱花在房子上，有的人在乡下或者小县城盖了一栋大别墅，而有的人则将钱用于购买一线城市的房产。比如有的店家标低了商品的单价，只能按错价卖给顾客，一些人认为这是花钱买教训，而另一些人则认为这笔钱可以用来打广告。又或者有的人把钱用来购买黄金首饰，而有的人则购买黄金进行投资。

　　一个高财商的人一定会确保自己的资金是流动的，守住财产往往是一个下策，因为财富的最大价值在于生财，所有的钱只有在流动中被激活，在流动中创造更多的财富才有价值。但是不同的流动方式往往会产生不同的效果，也代表了不同的思维方式和财商水平。对财富具有强大驾驭能力的人，会把钱花在那些能够创造财富的项目上。在他们眼中，花钱不仅是为了享受，还是一种高效的投资方式。

　　一般情况下，低财商的人消费往往是为了满足眼前的需求，而高财商的人消费往往更加注重以后的收益。比如，同样是从零起步的创业者，有的人主张先买一辆豪车，这样出入生意场才有面子，但无论是客户还是合伙人都不会将这个面子看得太重。而有的人会将这笔钱拿来招聘人才或者购买更好的设备。两种人花同样的钱，第一种人用创业资金购买的豪车会不断贬值，而创业资金被占用也可能会影响事业整体的发展。而第二种人则重点投资了自己的事业，无论是将这笔钱用于招聘人才，还是用于购买好的设备，都可以创造更大的效益。

无论如何，花钱体现出了人们对待财富、驾驭财富的策略和模式。高财商的人，会重点突出财富的增值属性，他们将花掉的钱当成重要的投资，最终是要产生效益的。而低财商的人重点突出财富的消费属性，而这种消费意味着自己财富的折损。虽然低财商的人也会进行投资，但是花掉一笔钱而没有产生任何回报时，他们就放弃了，认为这笔钱就是一次损耗，而他们不允许这样的损耗再次发生。他们会这样想："我把钱花在了一个错误的项目上，下一次不能这么傻了。"而高财商的人只要设定了目标，就会坚持不懈地努力达成，他们将花掉的钱当成经验的积累和投资道路上的摸索，"我还没有找到投资的门路，必须经历失败，才能弄清楚问题究竟出在哪儿了"。

由此可见，花钱其实是一门学问。人们在面对自己的经济问题时，在支配自己的资金时，一定要懂得掌握一些花钱的诀窍，了解花钱背后的财富密码，把钱用在刀刃上，才能真正实现"钱生钱"，才能保证个人财富的可持续运转。

第25堂课
当别人贪婪时，你要感到害怕

设想你在与一个名叫市场先生的人进行股票交易，每天市场先生一定会提出他乐意购买你的股票或将他的股票卖给你的价格。市场先生的情绪很不稳定，因此，有些时候市场先生很快活，只看到眼前美好的日子，就会报出很高的价格。有些时候市场先生却相当懊丧，只看到眼前的困难，报出很低的价格。

另外，市场先生还有一个可爱的特点，他不介意被人冷落，如果市场先生所说的话被人忽略了，他明天还会回来，同时提出他的新报价。对我们有用的是市场先生口袋中的报价，而不是他的智慧，如果市场先生看起来不太正常，你就可以忽视他或者利用他的这个弱点。但是如果你完全被他控制，后果就不堪设想。

关于"市场先生"的故事来自"股神"巴菲特的老师，被称为"华尔街教父"的本杰明·格雷厄姆。在巴菲特几十年的投资生涯中一直都在与"市场先生"作斗争，并积累了几百亿美元的资产，但多数普通人可能并没有这么幸运，他们或多或少都在跟着"市场先生"的节奏走。

当一群股民在讨论某只股票连续上涨了一年时，可能会持续买进；当农民意识到村子里的人种植大蒜热销后，来年可能也会跟着种植或者在原有的基础上扩大种植规模；当某人看到奶茶店非常火爆时，也可能想要从市场上分一杯羹，加盟一个奶茶店。

在现实生活中，很多人的市场判断，有很大一部分来自市场上的其他人，而非建立在根据自己所了解的经济学知识所做的理性判断基础上，这些人对于财富及商业机会的理解非常狭隘，而且几乎完全听命于"市场先生"的指导，但市场本身也是会犯错的。

2014年，小张辞掉了美国一家生物科技制药公司的工作，回到国内创业。当时国内的互联网发展势头非常好，许多人都在投资电商、电子音乐等项目，小张对此非常感兴趣。他当时从朋友那儿得知一个音乐网站的发展势头良好，国内许多知名的投资者和一些明星也都投资了这个音乐网站。

当时这个音乐网站的估值甚至达到了30亿元，小张觉得自己可以尝试着投资一笔钱。当时这个音乐网站的股价已经很高了，然而他并没有犹豫，立刻投资了几百万元。结果到了2015年上半年，这个音乐网站的业绩下滑严重，股价也一路下跌，最后竟然宣布破产。

小张的第一笔投资因此打了水漂，还欠下亲戚一笔钱。不得已，他只能卖掉北京的一套房子渡过难关。

贪婪对于投资者的危害极大。因为在面对机会的时候，人们通常的想法是"我可以挣更多钱""我觉得一切都在往好的方向发展""我应该借着大好势头多挣一点儿钱"，这些其实都是麻痹大意下的侥幸心理，而存有这些想法的人往往不太可能在获取财富的道路上走得太远。

"市场先生"从来不会以人的意志为转移。市场上的价格、行情并不是建立在"我觉得"的基础上的。只有那些真正懂得投资的高财商投资者才能理解和把握这些规律，他们能够识别市场中的陷阱，能够抵御"市场先生"的诱惑；而低财商的人往往将"市场先生"当成风向标和向导，被"市场先生"牵着鼻子走，这种人其实并不适合玩类似的资本游戏。

财富的流向有着一定的规律，当大家都在挣钱的时候，殊不知资本市场内的财富流动规律之一就是"钱最终会集中在少数人手中"。比如在股票市场上，只有少数的庄家才能真正赚到钱，他们往往是幕后的操纵者；在农业市场上，钱最终会流向那些卖苗木、卖种子的人手中，他们往往是炒热市场的幕后黑手。表面上看起来火热的市场背后，其实暗流涌动，没有自我认知和分析能力的投资者，应该更加谨慎地应对来自市场的诱惑。

最近几年，市场炒作是非常热门的话题，"炒古董""炒字画""炒兰花""炒中药材""炒黄金"层出不穷，如今又出现了"炒鞋"的现象，一双耐克或阿迪达斯的鞋子，市场定价可能只有1千多元或者几千元，但是经过市场的炒作和包装，竟然会以几万元的价格销售出去。

2018年，很多年轻人加入了"炒鞋"大军，一些人甚至强调自己通过一个月的操作，就赚到了买一套北京的房子的钱。许多年轻人甚至辞掉了工作，将全部的积蓄拿出来买鞋，结果虽然一部分人赚得盆满钵满，但是更多的年轻人在高风险下花光了所有的积蓄，而手上只有一大堆越来越难以脱手的鞋子。

高财商的人会对市场上的资本心存敬畏，会对市场上的资本游戏心存敬畏，因为一个人是没有能力完全操控市场的。这种敬畏之心一方面可以使他们更加谨慎地进行分析，尽量与"市场先生"保持一定的距离；另一方面则会让他们压制自己的欲望，按照市场规律与经济规律进行投资。

而这一类投资者在投资或者创业的过程中，应注意以下几点。

第一，不要追逐市场上的最后一个铜板。不要妄图赚取市场上的全部利润，要"适可而止"，这是做好危机预警的重要策略。

第二，不要盲目跟随别人的脚步。凡事都要自己去理性分析，避免被市场牵着鼻子走。

第三，任何事情都是有高低起伏的规律的，在投资时千万不要心存侥幸心理。成功的投资者正是因为其对市场、财富有着清醒的认知，才能够把握住那些有效的投资机会，而成功躲避财富风险。

总的来说，财商思维就是一种经济学思维，而了解经济学的相关原理和基本规律是建立财商思维的基本要求。

第26堂课
别让自己成为守财奴

经常会听到人们这样说："要是我能挣到1000万元，即便不工作，也能过好这辈子了。""处理完这笔单子之后，我拿了提成，以后就辞职不干了。""我现在存了一笔钱，打算提前退休。""家里给我留了一笔遗产，我守着这份家产就好了。"这样的人有生活的头脑，懂得让自己以后的生活有最基本的保障，但是他们往往财商较低。

普通人如果拥有一笔不少的钱（假设200万元），会怎样支配这笔钱呢？

恐怕多数人都会有这样的想法："把钱存起来。"即便是习惯了超前消费的"90后""00后"，在面对财富时，也会产生"守着这笔钱就足够了"的想法。对他们来说，投资或者创业的风险太大，会消耗掉自己已经拥有的东西。对多数人而言，失去某样东西比获得某样东西更加印象深刻。

在心理学中，这种现象普遍存在，比如销售员在推销某件商品的时候，往往会强调顾客购买这件商品，将会获得什么；银行的职员会强调购买这个理财产品，每年将会获得多少收益，这样的表达方式并没有什么问题，但若是换一种说法，可能效果会更好，如"您一旦错过了这个理财产品，可能将会损失高达13%的年收益"，通常情况下，这种说辞更能够打动消费者。这就是损失效应，在看待财富的时候，人们通常也会受到损失效应的影响。要是某人拥有200万元，他可能会拥有很多的选择：把钱放在家里或者银行，又或者拿出来投资或创业。实际上，这个时候很多人都会采取保守的策略，存在银行"吃"点利息，然后用于自己的日常开销，足够过一段时间的好日子了，不会用来投资或者创业。如果拿出去投资，也许还能多挣200万元，但也许会亏损100万元或者200万元。在考虑投资问题时，投资风险所造成的损失，往往比投资收益带来的诱惑更具说服力，与其有机会获得200万元，还不如避免失去这200万元。

许多人在获得人生的第一桶金之后，往往就会止步不前，安于现状。之所以会这样就是因为过分担心自己会失去已有的财富。对于这种人来说，财富的价值就在于这第一笔钱，人生奋斗的意义也就在此，他们不会将钱当成一种流通的、能够创造财富的工具。

20世纪80年代，冷先生率先做起了矿山的生意。由于老家有一座矿山，而且矿产资源丰富，冷先生和朋友从矿山收购矿石，然后运到外省去销售，以此来赚取差价。由于行情很好，他获得了高达160万元的利润。在当时，拥有这样的资产的人堪称是当地的富豪了。

可是当朋友们都带着家人去深圳创业时，冷先生却觉得自己的钱足够应付以后的生活了，不愿意再冒险创业。

他花了十几万元在县城自建了一套房子之后，就守着剩下的钱在老家过日子。

到了2018年朋友聚会时，当年去深圳创业的朋友几乎都资产过亿元，甚至有人达到了几十亿元，而冷先生因为当初不愿意冒险，30年过去了，他的存款加上房子也不过200万元左右。

钱必须在流通中才能创造更多的财富。对于国家而言，如果没有人消费、没有人投资，那么整个国家的经济就会陷入停滞甚至倒退的状态，因此国家会想办法刺激消费、拉动内需，从而带动投资。有了消费和投资，市场就会活跃起来，钱才能源源不断地生钱，GDP（国内生产总值）才能逐年增长。对于企业来说同样如此，如果企业止步不前，将所有的钱存着不动，那么投资以及收益就会慢慢减少，甚至现金流断裂，这样的企业迟早会被市场淘汰。对于个人而言，把钱财锁在柜子里，那么这些钱仅仅是一个数字，它们不会产生更大的价值，而且会在社会和经济的发展中不断贬值。

守财的人是无法守成富人的。真正善于理财的人，真正懂得驾驭财富的人，会将自己的钱当成投资品，会将其中的一笔钱放入资本市场中增值。养鸡的人都知道，当母鸡下蛋之后，不能将鸡蛋全部存放起来，而应该拿出一部分孵小鸡。当小鸡长大之后，还会下更多的鸡蛋。而更多的鸡蛋意味着更多的鸡，也意味着能够卖更多的钱。这是一个财富持续增长的模式。

对于守财奴而言，如果一只鸡下蛋之后，就将鸡蛋存着以后慢慢吃，那么这个人可能每隔一段时间都有鸡蛋吃，但是他每天可能只能吃一枚鸡蛋，而且家里也只有一只鸡，等到这只下蛋的鸡彻底老去，那么他将再也吃不到鸡蛋，也无法品尝鸡肉，更别说依靠这只老母鸡挣钱了。

真正的财商不在于你拥有多少钱，不在于你有多少资产，而在于当你获得这些财富时，是否有能力将其一变二、二变四、四变八。生钱模式往往代表了个人的经济活力与财富水平，也代表了个人对财富的看法。人应该控制和驾驭财富，而不是被自己已经拥有的财富束缚住前进的脚步。

PART ❻

高财商的人，
拥有更多良好的
品质

第27堂课
诚信永远是第一品质

　　尤大婶在菜市场卖了很多年的菜，积累了很多客源，大家都愿意来她这儿买菜。即便是2019年猪肉价格大涨，许多人都惊呼"吃不起猪肉"的时候，尤大婶摊位上的猪肉也是菜市场里卖得最好的。

　　每家摊位上的猪肉价格相差无几，为何其他摊位上经常一天一斤猪肉也卖不出去，尤大婶摊位上的猪肉却卖得如此火爆呢？

最重要的原因在于，尤大婶是非常本分的生意人，无论是卖土豆、大葱这类便宜的蔬菜，还是卖猪肉、牛肉、海鲜这些价格比较高的生鲜，她都始终坚持一点，那就是诚实守信，足斤足两。

在尤大婶的摊位上，从来不存在缺斤少两、给牛肉和鸡肉注水的情况，也从来不存在贩卖病猪肉的情况。尤大婶还有一手绝活"切肉一刀准"，切出来的肉斤两准确，顾客很少质疑，他们都非常信任她。

一般来说，高财商的人往往具有良好的道德品质，因为个人的道德形象是他们立足商场的关键，也是赢得他人信任的关键。而在这些道德品质中，诚信永远排在第一位，因为资本市场的运作有其规律，这些规律通常需要在法律的框架内运行，但也有许多规律与道德相关，如果没有诚信的话，资本市场的运作就会出现问题，人与人之间的利益往来也会存在很多漏洞。

常见的失信行为有以下几种。

为了私利违背合作原则。甲公司旗下的乙公司与另一家公司成立了一家合资公司。不久之后，乙公司代表合资公司出面与客户进行谈判。在谈判过程中，乙公司的负责人私底下与客户做出约定，让对方转而与乙公司的母公司——甲公司进行合作，这样一来甲公司就利用业务便利抢占了先机，而原本让乙公司出面拉拢客户的合资公司"竹篮打水一场空"。乙公司的行为严重损害了合资公司的利益，这家合资公司就此解散。

不遵守之前的承诺。某店家答应顾客，如果对方购买产品的金额满1000元，就会返还现金200元，可是当对方消费满1000元之后，店家并没有返还现金200元，这样失信于消费者的行为，很难促使消费者再次消费。

缺斤少两，滥竽充数。这种情况一般在商品销售中比较常见，为了确保利益最大化，一些商家会以次充好，将不合格的产品混入合格的产品中售卖，或者缺斤少两，占顾客便宜，这样的商家往往会引起顾客的反感。

坐地起价。一般来说，在某一阶段内，产品会有一个相对平稳的报价，这个报价是双方都认可的，即双方这一次的交易价格，也是潜在约定的下一次报价。如果卖方认为对方急于要货而坐地起价，那么就违背了这种潜在的约定。

欠债不还。许多失信者过于看重金钱，一旦自己出现亏损或者没有能力立即还债，就会直接赖掉这笔债务，当一个"老赖"。这样的人缺乏最起码的诚信意识，其人际关系会越来越差。

这些失信行为都是一些短视行为，行为人目光短浅，对于自己未来的财富布局缺乏正确的规划。在这些人的思维中，钱永远是第一位的，他们认为只要自己可以在每一局中都获得更多的收益，那么就可以保证实现利润最大化。但问题在于每一次的财富博弈都会对下一次的博弈产生影响。

高财商的人追求的是一种长远的布局，追求的是长期效益的累加，任何自断财路的方式都会被他们否决。投资的人看重的是渠道，创业的人看中的是市场，而无论是渠道还是市场，都需要建立良好的声誉，往大了说是品牌影响力和企业声誉，往小了说就是个人是否能够赢得客户与合伙人的认同。如果声誉不佳，得到的外界认同感比较低，那么获得财富的渠道就会逐渐关闭。

任何一个想要驾驭财富的人，都应该扪心自问：别人凭什么与自己进行合作？凭什么愿意将机会拿出来共享？

凭什么愿意接纳自己的产品？说服他人与自己合作也好，购买自己的产品也罢，都需要最基本的信任，当一个人给其他人带来不安全感时，财富的拓展渠道就会变得很少。

其实一个人对财富的态度也能体现其做人的态度，因为钱而罔顾道义的人、丧失基本的诚信意识的人，往往缺乏挣钱的意识，这种人可能会喜欢追逐一些蝇头小利，喜欢依靠不良手段牟取私利，但是他们的财富会非常有限。

著名企业家史玉柱早年因为创办巨人集团而面临巨大亏损，只好选择了企业破产，但是他并没有忘记偿还自己所欠下的债务。

不仅如此，他在开展新的业务之后，更加重视诚信经营。对于产品的打造，对于合作商的态度等，都坚持以诚信为基础。正是因为如此，史玉柱很快东山再起，并且生意比之前做得更加成功。

在追求财富的道路上，诚信就是一个重要的筹码，这个筹码越大，获利的可能性才会越大。

第28堂课
财富的累积离不开创新意识

谷歌公司是目前世界上最出色的科技公司之一，也是创新能力最强的公司之一。当其他科技公司都在想方设法制造手机、提升手机的功能、增强手机使用体验感时，谷歌公司则另辟蹊径，重点打造安卓系统。

在谷歌公司的创始人看来，无论手机发展多快、手机性能多好、手机的使用多广泛，最终都需要一个完善而强大的手机系统来支撑。现如今，手机市场的利润不断被压缩，越来越多的手机公司被市场淘汰出局，而谷歌公司仍旧可以依靠安卓系统盈利。

有人做过分析，认为谷歌公司即便有90%的员工突然离职，整个公司的盈利也不会受到影响，也许整个公司的利润总额只会下降1%。至于剩下10%的人，即便1个月不去公司上班，谷歌公司也能够活得好好的。安卓系统打造的良好生态环境已经让谷歌成为整个科技生态链中最重要的环节之一，仅专利费和广告费就足以让谷歌公司维持日常运营。

很多时候，人们会被常规思维所束缚，会习惯性地用常规思维来理解所谓的财富和财富扩展模式。比如当人们意识到某个产业或者项目有利可图时，就会想方设法率先进入这个市场，运用自身的资源获利，无论是在房地产、互联网还是新能源领域，很多人都在察觉到商机后立即进入市场，之后又有大批投资者跟随。大家都将注意力放在项目本身上，很少有人突破常规思维去寻求新的商机。

某地的种植户都在想办法种植猕猴桃，而一些种植户转变思维，开始出售猕猴桃的包装袋，确保树上的挂果不会遭受虫子的侵害，因此他们可以轻而易举地占领当地整个猕猴桃的包装袋市场。

上面案例中的创新思维，实际上和谷歌公司有异曲同工之妙。

很多卖家具的商家会提供上门安装服务，或者直接提供整套安装好的家具，但有一家家具城明确表示不提供任何上门安装的服务，当然，产品的价格会相对低一些。许多人认为这家家具城肯定会因为服务不到位而被消费者的嫌弃，在如今强调服务至上的商业环境中，不上门安装家具无异于自断财路。但事实上，这家家具城的生意一直都是当地最好的，购买家具的人络绎不绝。

为什么会出现这样的情况呢？这家家具城的老总认为，安装家具本身就是一种劳动体验，让消费者自己安装家具，更能够使消费者产生愉悦感，提升拥有家具为其带来的满足感，并使其对相关的家具品牌产生信赖。

高财商的人善于从不同的角度寻找商机，甚至反其道而行，他们不会被常规思维和常规模式束缚，而是尽量用不同的思维方式拓展自己的视野，用创新意识支撑自己的财富理念。

这种创新意识往往具有一些显著的特点。

不走寻常路。把握多数人没有发现的商机，比如大多数人都会犹豫不决的一些项目，大多数人容易忽略的一些投资方向。

逆向思维。对于一些大家都习以为常的运作模式，有时候从反向进行推演，可以有效突破当前的发展瓶颈和束缚。逆向思维是一种非常重要的思维方式，它可以有效打破惯有的思维模式。

衍生思维。从某些常规思维或者常规的操作中衍生出其他的分支，从而有效地拓展投资方向、投资理念与投资策略等。

联想思维。从某一个目标、策略、方案联想到另一个目标、策略、方案，这种联想有助于人们找到新的投资点和相关联的渠道、人脉以及方向。联想思维往往离不开丰富的知识以及对各类知识的整合能力，也离不开强大的创造力。

具有创新意识是高财商的一个重要特质，也是大多数人所缺乏的。多数人都具有从众心理，喜欢按照常规思维行事。在他们看来，如果一个项目多数人没有去尝试，或者多数人没有去关注，那么就意味着这个项目存在风险，或者相应的投资环境不完善。

但事实上，具有巨大增长潜力的项目在其发展初期本就不容易被多数人发现，投资这样的项目存在一定的风险和挑战；而在一个四平八稳的行业中投资，想要获得财富的快速增长几乎是不可能的。因此，要想在投资中获得成功，要么比别人速度更快，要么比别人看得更透彻，这里所说的更透彻就是对新商机的挖掘能力更强。

在全球化背景下，一个产业链内往往有明确、精细的分工，任何一个新产品出现，都可能会带动与其相关联的消费需求产生。当多数人在卖手机的时候，有人开始卖手机膜；当人们都在"炒鞋"时，有人却在想办法生产和出售保护鞋底的垫子（防止鞋底磨损）。市场总会有新的方向和新的需求出现，就看人们怎样用发散性思维去寻找。

通常人们在谈到创新的时候，强调的往往是技术创新，多数人都会认为只要技术上有所改进，有新的突破，那么产品就会受到市场的热捧，但事实上情况并不一定如此，很多高科技公司并没有真正赚到钱。技术创新的确可以让企业有机会将技术转化为财富，但真正获得成功离不开营销模式的创新。

某国有一个自行车制造商，宣称自己的自行车每辆价值10万元，而利润在3万元左右。广告公司为其策划了一个广告，让一辆自行车空降在一场比赛现场，结果因为广告效应，一辆自行车被卖到了13万元。

国外的另一个自行车制造商则喊出了"买自行车送摩托车的口号"，结果一辆自行车被卖到15万元，而赠送的是一辆价值1万元的摩托车。不久之后，这家制造商推出了定制版的自行车，每一辆自行车都与众不同，而且上面印有购买者的名字和用白金镶嵌的头像，还专门为顾客设计一个专属的Logo，结果这些自行车被卖出一辆20万元的高价。

科技创新的确可以带来更高的利润，但是科技本身的更新换代速度很快，科技创新带来的利润是不断被压缩的，而在营销模式等方面进行全面创新可以使利润的增长空间不断扩大，当然，前提是公司员工必须具有创新意识，这也正是高财商的表现。

第29堂课
保持热忱，让自己百分之百投入

许多企业家在分享事业成功的经验时，都会说自己之所以能够获得成功，首先是因为对事业的热爱。

如果没有这样一种热忱，那么人们通常不会在工作当中坚持太长时间，更不用说制定一些更为长远的发展规划和财富目标。可以说，真正高财商的人往往会全身心投入自己的工作当中，投入对财富的追求当中。那么如何去展示这种热爱呢？如何才能让自己在工作中展现专注度呢？

第一，一定要热爱财富。对于钱的热爱体现了一个人最基本的财富需求，真正高财商的人从来不避讳谈论自己喜欢钱这一事实，也不会否认自己将钱作为人生奋斗的目标之一。有些人会耻于谈钱，会想方设法将钱排除在话题之外，他们觉得一个人总是把钱挂在嘴边的话，会给人一种过于物质化的感觉，但真正高财商的人从来不会掩饰自己对钱的喜爱和追求。

有一个人到了45岁的时候，还要专门去国外进修，提升自己的数字机床操控技术。很多人都觉得他一定会强调自己学习数字机床操控技术只是出于一种热爱，但他始终强调，自己是为了获得更多财富，拥有更好的生活。他希望更多地了解数字机床的相关操作，然后与人合伙成立一家螺丝工厂。

有一位作家每天都在网上写文章，大家都觉得这样的习惯非常好，还可以给更多的人提供一些学习和交流的机会，但他认为自己除了热爱，还需要将这些文章转化为收入，如果没有收入，他自己创建的文学网站就无法运营，自己也就没有办法生活。

谈论钱并不羞耻，相反，如果一个人想要回避谈论与钱有关的话题，就证明其对钱缺乏最基本的认知和尊重。

很多时候，一个好的老板，不仅会强调自己需要钱，需要挣更多的钱，还会为自己的员工描绘一个关于财富的蓝图，帮助他们建立对财富的信仰，让他们对钱产生正确的认知与合理的诉求，因为钱可以为挣钱的行为提供强大的动力支持。

有一个经济学教授在给学生讲课时，提供了一个发财的秘诀："你们首先要做的就是每天早上起床后先在纸上写三遍'我喜欢钱，我要挣钱，我要发财'。"学生觉得光是这样想根本无济于事，要知道他们平时也没少做发财梦。

教授笑着说："写下来，然后每天去读，你就会意识到自己真的需要钱。"这是建立热爱的第一步，也是将自己和金钱捆绑在一起的一种特殊方式，这一步往往关乎未来个人对财富的追逐效果。

第二，一定要热爱自己的工作。热爱工作是个人责任感的一种体现，也是对工作、对财富最起码的尊重。从现实角度出发，一个人只有热爱自己的工作，才能更好地工作，并做出更加出色的成绩。那些成功者，无一不是选择一份自己热爱的工作，即便自己一开始不喜欢这份工作，也会坚持"干一行爱一行"的基本原则。

美国著名企业家埃隆·马斯克在超级高铁、外星探测和旅行、电动汽车等领域内都取得了非凡的成就，但他从创业之初一直到现在都面临资金不足的困境，公司多次濒临倒闭，但出于对工作的热爱，他一直坚持在岗位上，努力想办法维持公司的运营。

如今，他成了世界上最知名也最具发展潜力的企业家，也许在不久的将来，他会成为新的全球首富。

真正热爱工作和其追求的事业的人，会投入更多的时间和精力，会对工作中发生的事情以及出现的问题非常关注，他们会想方设法解决工作中出现的问题，会对事业遭遇的阻碍进行分析。他们会认真对待事业发展的目标，通过财富目标对自己进行必要的物质激励；他们还会在流程中每一个重要的环节上做好相应的措施，而不仅是单纯地投入时间和精力，这样做可以确保财富的增值处在一个高效的状态，而高效才能实现财富倍增，才能让整个投入变得更有意义。

此外，热爱工作包含了对成功的热爱、对失败的接受，以及保持对整个奋斗过程的热爱。只有认真去体验过程，人们才知道自己在追求财富和驾驭财富的道路上究竟有什么地方做得不好、有什么地方做得出色。许多人在创业或者投资时唯结果论，这种做法对于个人的成长非常不利。

第30堂课
允许自己经历一些失败

　　梁先生是四川某地有名的富豪，他在20多年的时间里积累了30多亿元的财富，拥有3家乡村度假酒店、3家海鲜超市，在贵州和广东等地还拥有20家麻辣火锅店。梁先生多年来的经营都离不开一个词：饮食。这也是他在多年投资和创业中积累的重要经验："民以食为天"，他认为做餐饮永远不愁没市场，只要能够迎合顾客的口味就行。

　　梁先生的家境殷实，父亲早年经营一家铜矿公司，拥有几千万元的身家。父亲将这家铜矿公司交给梁先生打理时，整个铜矿市场已经不景气了，后来由于经营管理不善，铜矿公司倒闭，梁先生还欠下了一大笔外债。

在最落魄的时候，梁先生不得不将家里的房子、车子、名人字画等全部拿出去抵债，最后迫不得已将铜矿公司的经营权转卖给他人，虽然还清债务后还获利几百万元，但是和父亲辛苦积累的几千万元家产相比，他算得上是一个"败家子"了。

不甘心失败的他决定东山再起，于是就开始经营一家火锅店。可是由于没有经验，也没有什么独特的配料，生意很不景气，在亏损100多万元之后，他选择关门，而手上的存款也不到100万元了。这个时候，他听从了朋友的建议，继续从四川人最爱的美食入手，于是开了一家正宗的川味酒店。在经营两年之后，由于没挣到什么钱，酒店也关门了。接二连三的失败并没有让他气馁，反而帮他认清了一些现实，那就是餐饮仍旧有很大的市场，但四川当地的美食太多，开酒店容易同质化而不具备吸引力。因此，如果想要让自己的餐饮生意做大做强，就一定要做出特色。

正因为如此，他先后想到了两条路子：第一条是经营农家乐性质的酒店，这样的酒店有一定特色，而且食材上也更加吸引人；第二条就是经营海鲜产品，毕竟四川属于内陆，海鲜城虽然也有海鲜卖，但是很多都不够新鲜，而且海鲜城的数量总体还是比较少的，自己要是经营一家海鲜专卖店性质的超市，无疑更具竞争力。

话虽如此，不过在正式开始投资创业的时候，他遭遇了很大的难题，资金不足、海鲜的新鲜度难以保证、营销宣传不到位以至于市场没有及时打开等，面对这些问题，他曾经多次陷入挣扎，考虑要不要转行，但多年的经验使他意识到自己进军餐饮业需要更大的耐心。所以他选择给自己更多试错的机会，并开始借钱维持日常的运营。

随着生意进入正轨，乡村度假酒店的生意越来越好，很多成都市里的人专门驱车去他的度假酒店度假、享受美食。海鲜超市的生意也越来越火爆，甚至一度垄断了成都市1/3酒楼的海鲜供应。除了在四川省内将生意做大，他还重新开起了火锅店，不过这一次，他直接选择去贵州和广东等地开火锅店，将四川的特色美食打入外省市场，并成功拓展到20家分店的规模。

个人的成长曲线与财富的成长曲线往往是同步的。财富的积累往往会存在高峰和低谷，而且多数人的财富积累都不是一蹴而就的，而是从无数次失败中总结出来的。

很多人都在说，财富的积累本身就带有失败的属性（失败的次数一般都要比成功的次数多），高财商的人大都是在无数次的失败中成长起来的。巴菲特说自己多年来购买的股票有一半左右都是失败和亏损的；马云在成立阿里巴巴之前，创业多次都以失败告终；王健林在成立万达之前，创业也是四处碰壁；扎克伯格在成立Facebook公司之前也是非常不如意。

很多富裕的家庭或者企业家在教育子女的时候，往往会交给子女一笔创业资金，让他们练练手、积累经验，这笔创业资金实际上就是买教训的钱，或者说就是一次体验失败的机会。当外界指责他们的孩子胡乱花钱、不懂得如何经商时，这些企业家的子女已经在试错的道路上积累了丰富的经验。

财商是一种个人阅历和经验的增长。它不是从课本中可以积累出来的，实践，尤其是一些失败的实践，才会使财商得到增长。

　　比如当某项投资失败之后，投资者就会重点去挖掘和分析，是不是这个项目不具备潜力，是不是项目的竞争太过于激烈，是不是项目的操作没有迎合市场，因此在下一次投资的时候会重点寻找更有潜力的项目、那些容易被人忽略的项目，会重点评估整体的项目运营是不是具备市场吸引力。

　　允许试错，包容自己的失败，这是个人成长中非常重要的特质，也是提升财商必不可少的一种品质。许多人在创业或者投资时，总是抱着一副"输不起"的心态，认为自己这一次要是不走运，那么以后就再也没有机会了，如果这一次没有获得成功，那么就彻底放弃这份事业。在这种强大的压力下，人们从一开始就会对如何进行有效的财富增值心存质疑甚至怯懦："我不能轻易创业，因为一旦失败，我将会彻底难以翻身。""我想还是算了，这份投资要是亏了，我恐怕连一点钱也存不下来了。""我不确定这个项目是否挣钱，要是不挣钱，我可耽搁不起。"当人们过度担忧失败的结局时，就直接断送了财富增值的可能性。许多人往往有很好的创业点子，有一流的未来规划，有非常出色的投资项目和创业渠道，但就是因为害怕失败、害怕承受失败的压力，不愿意给自己一个试错的机会，最终忍痛放弃这些好的项目。

对于那些高财商的人来说，失败意味着离成功更近一步，他们不以一时的成败论英雄，更多地会强调经验的积累和自我总结，因此平时会给自己留出很大的试错空间，了解哪些项目值得投资，弄清楚怎样的资产配置才是合理的，分析怎样进行投资才能实现财富的倍增。

第31堂课
看准机会后，就要立即行动

在某地举办的民营企业大会上，一位成功的民营企业家受邀发表讲话，在谈到自己成功的秘诀时，他颇为感慨地说："至少有一半人比我更加聪明，至少有1/3的人能比我想出更多的好点子，但是他们都止步于想了一个好点子，而我比他们强的地方就是长了一颗虎胆，想好了就去做，拥有一点愣头青的气质。"

这位民营企业家谈论的"气质",就是一个关于执行力的话题,这种执行力主要体现在实践力上。简单来说,有执行力就是有一种将好的计划和方案直接转化为实践操作的勇气。而多数人正好缺乏这种勇气,他们可以设计出好的方案,就可以想到很多非常出色的点子,可以挖掘出很有潜力的项目,可以想到非常高效的操作方法,但多数人欠缺的是"我要立即去做"的勇气。

著名的社会学家库尔特·勒温曾提出一个很有意思的概念:"力量分析"。关于力量分析,实际上是指每个人身上具备的两种常见力量:阻力与动力。这两种力量在每个人身上存在的比例不一样,发挥的作用也不一样。

比如很多人看起来非常自信,做事也很果断,能够自己制定行动策略,并积极推动自己立即采取行动。这种人身上的动力比阻力要强劲,强大的动力可以冲破阻力设置的障碍,让自己充满积极进取的态度和执行的意愿。

有的人显得犹豫不决,做事情喜欢拖泥带水,缺乏执行的决心和勇气,工作效率非常一般,容易错过各种好的发展机会。这样的人身上阻力比较大但动力不足,动力经常会被阻力压制,总是止步于"我想做什么""我想要什么""我觉得什么东西还不错"的状态。

力量分析是财商中一个非常重要的衡量标准，高财商的人善于把握机会，他们创业、投资的动力更强，对目标追求的积极性更大，而那些低财商的人通常都缺乏做事情的勇气和决心，遇事先给自己设置各种阻力，给自己寻找各种难题。他们会找到很多非常好的投资方案，会想到很多好的资产配置和财富增值方式，但是总是在犹豫不决中浪费时机。

财富永远不会等着你，如果没有立即抓住机会，那么一切美好的设想都只是白日梦。21世纪的第一个十年，你可能会这么想："我觉得需要尽早买房。"但你想着以后房价可能会更便宜，结果拿着一笔存款什么也没干，眼巴巴看着房价上涨，手上可以买一套房的钱变成了一套房的首付；到了第二个十年，你很早就发现互联网中有很大的商机，你还打算创办一家网络商城，但你会告诉自己"互联网中不规范的地方还比较多"，因此错过了投资的黄金期；到了第三个十年，你早早就意识到人工智能和物联网技术的超级潜力，但你仍旧没有提前布局，你总是在想"再等一等，看看情况"，最终你还是会错过这一切。

从最基本的定义来看，执行力是执行者贯彻个人或者团队战略意图、完成预定目标的一种操作能力，或者也可以当作一种有效利用资源、保质保量达成目标的能力，它是将战略规划和流程设置转化成为效益、成果的关键环节。

把执行力纳入财商中，是一个非常重要的举措，任何财富增值方式，任何一笔投资和创业行动，最终都需要在执行中产生价值。只有实践才能真正创造出财富。

有一对好朋友某次聊到了中草药的投资问题，甲觉得如今的中草药市场很有潜力，尤其是随着中药越来越受国人重视，人们也渐渐喜欢用中草药以及中成药来治疗疾病，所以甲认为可以投资一片土地种植中草药，然后联系生物制药公司或者一些大型的药商建立长期合作的关系。乙觉得甲的想法很不错，于是就拉上甲想要调研一下中草药市场的行情，最好可以承包几百亩地种植中草药。

当两个人策划一番之后，乙建议双方立即前往一些中草药基地进行调研，购买苗木和种子，然后寻找药商或者制药公司，之后寻找合适的承包地。可是在准备执行的时候，甲却一直不愿意启动这个计划，不是说自己没时间，就是说中草药市场存在一定的风险。看甲犹豫不决，乙只好自己单干，他亲自联系制药公司和药商，承包了200亩地。两年之后，他的第一批中草药顺利出手，为他直接带来了120万元的收益。

一个好的方案和策略，的确可以带动财富增值，但实现财富增值还要靠执行能力，在一个市场或者一个行业逐渐明朗化的时候，成功有时候靠的不是谁最先发现商机，而是看谁最先采取行动。无论是房地产行业、互联网行业、新能源行业，还是生物科技行业，总有一批嗅觉灵敏的人能够嗅到商机、找到合适的投资方向，但是真正成功的人并不多，因为其中一大批人并没有及时采取行动，他们在观望和犹豫中丧失了最佳的机会，反而是一些后来者把握了实践的先机，成为财富收割者。

因此，"拒绝延迟、立即执行"成为高财商者的一个重要品质，它真正决定了人们能否把握财富机会，能否实现财富的倍增。

PART 7

财富的传承与发展

第32堂课
别只把钱留给下一代

谈论起财富问题，可能多数人最重视的还是财富的继承。无论是企业还是个人，都希望自己的财富可以在下一代的手中不断扩展，最好能够保持基业长青。尤其是个人在对待财富继承的问题上，往往想法更多，毕竟这是每一个为人父母的人都要面对的问题。

国外的富人喜欢捐钱，很多人早早就立下遗嘱，承诺以后要把钱捐给某基金会，这种捐款方式往往只是为了避税，毕竟很多国家都有遗产税。通过向基金会捐款的方式可以成功避税，同时也可以将基金会交给子女打理。

而在中国，父母一样会想方设法将钱留给下一代，比如给子女留下房产。一些富裕人士担心子女会因为理财不善将家财挥霍一空，往往会提前购买几套高价值的房子，以确保资产的稳定性，而且房产的保值和增值功能还是比较好的。

有一些父母喜欢直接给孩子留下钱，无论是家里的现金还是存在银行的存款，因此他们在世时，往往会努力存钱，尽可能帮助孩子减轻以后生活的负担。当然，有一些父母会将家里的老古董留给下一代，这也算是一种财富传承。相比于西方国家的父母，中国父母更喜欢把钱留给孩子。

除了房子、钱、股票之外，一些操心的父母会积极为子女以后的生活、工作铺路，为了让子女以后的生活、工作更加顺利，一些父母还会为子女留下丰富的人脉资源和市场资源。比如某企业的老总，为了让儿子更好地继承家业，把家族事业发扬光大，他在去世之前努力帮助儿子联系一些重要客户，或者帮助儿子打开某个重要的市场，这样就形成了一种"前人种树，后人乘凉"的结果。

无论来自什么民族，处于什么地位，父母都会努力帮助孩子更好地应对以后的经济生活，而财富传承就是最直接的方式。但关于财富的传承，不同的人会有不同的做法，而不同的操作模式又会产生不同的效果。

有的人看重的是资产的转移和继承，有的人更加看重财商的培养和传承。

有个富翁在临死前，将两个儿子叫到身边，然后将几千万元的家产平分给了他们。他担心两个游手好闲惯了的孩子缺乏谋生的技能，于是干脆将钱留给孩子，希望这笔钱可以维持他们的正常生活。可是在富翁去世之后的短短5年时间里，兄弟两人就将父亲留下的钱挥霍一空，而由于没有一技之长，接下来，两个人只能变卖家产度日。

广东的吴先生是一位从事长途运输的司机。虽然家庭条件一般，但是依靠勤勤恳恳的工作态度，夫妻俩工作20多年也存了差不多200万元，在县城里买了一套房子。他在遗产的问题上有非常清醒的认知，觉得孩子终归还是要独立在社会上生存的，自己仅仅把钱留给孩子，根本无法提供太多的帮助。因此他早就有了打算，那就是临死前，只给孩子留下50万元的存款，将其余的钱全部捐出去。这50万元可以用来进行小投资，也可以用来学习某一门技能，但今后孩子的一切只能靠他自己。

一个人对于财富继承的态度以及操作方式，往往可以体现出他的财商水平。比如低财商的父母，往往只看重当前或者今后几年的状态，他们会想方设法为子女铺路，把钱或者产业直接留给孩子，为孩子营造一个良好的生活环境。这类人可能自己会挣钱，但是在财富的延续性上缺乏理性，他们无法真正成功掌控财富，关于财富是否会在家族内部尤其是在下一代身上延续，他们从来不去考虑。当孩子在接受继承的财富时，是否有能力驾驭好它们，是否能够激发出这些财富更大的增值活力，也不是他们真正关心的。

而高财商的父母，会注重培养子女的理财能力，帮助子女养成健康、合理的消费习惯。这些父母会把自己对于财富的态度、挣钱的方式和法则、为人处世的态度，一一灌输给子女，并监督子女的一言一行。他们会重点关注对子女的技能培养、价值观培养以及财商的培养。一些父母还会支持子女自己支配财富，以应对生活中的经济问题，让子女在生活中接受锻炼。

把钱留给下一代的方法有很多，有时候一个简单的遗嘱就能解决所有问题，但是真正的家族传承与财富传承是一个非常复杂的过程，把钱、房产、公司交给子女很容易，如何让子女们驾驭和管理好财富则很难。高财商的父母不仅会将如何挣钱、如何驾驭和管理财富当成自己的学习任务，还会将这些技能传授给孩子，尽可能帮助下一代掌握更多驾驭财富的技能。他们的眼界更为开阔，他们的想法更为深刻，他们的目光也更为长远，在面对财富继承的问题时，会将其放在一个家族文化范畴内，放在一个流动的、持续的、规范的系统内考虑。

第33堂课
真诚地和孩子谈论金钱

在教育子女方面，很多父母都不愿意以真诚的态度去面对孩子。比如孩子问"我是从哪里来的"这种涉及性的话题时，父母往往会采取回避的方式，模糊、婉转、似是而非地回答孩子的相关问题。除了这些事情之外，在关于钱财的问题上，父母也经常采取回避的方式。

事实上，当孩子提到钱或者花钱的问题时，大部分的父母往往会立刻陷入痛苦模式，他们经常在为如何应付孩子的问题而焦虑，而最终的解决之道就是回避。当孩子在超市里看到自己心仪的玩具时，父母通常会怎么办呢？"对不起，宝贝，妈妈忘记带钱包了。"当孩子最近的花费比较大时，为了抑制孩子的消费欲望，父母会强调家里没钱了，会强调别的小朋友每天都很节约，不买玩具和零食。

在多数时候，父母在孩子面前都在回避有关家庭财物和钱财花销的话题，家里的钱是如何得来的、家里的钱是如何支配的，这些最基本的储蓄概念和投资概念都不会告诉孩子，更不用说有关信用和债务的问题。

父母很少会带孩子去银行，很少主动告诉孩子关于信用卡、存折以及利息的问题，因为觉得没必要。在父母眼中，孩子还小，对于金钱、投资或者债务一类的事情不理解，没必要去说。或者有些父母会担心孩子的生活和学习会受到成人世界的影响。但父母越是隐瞒，孩子在钱的认知上越容易陷入误区。

孟大姐和丈夫经营的服装店倒闭了，两个人一下子就失去了收入，丈夫只能出去开出租车，孟大姐平时则包些粽子拿出去当早点卖。夫妻俩起早贪黑，每个月的收入还不到6000元。儿子如今上高中二年级，对于家里的财务情况一概不知，每个月光是生活费就向父母要走2000元，这还不包括买衣服、买书本资料的钱。

孟大姐和丈夫商量着提醒儿子节约一点，毕竟家里的经济条件并不宽裕，每个月有一半的钱用在了孩子身上，还要还1800元的房贷，夫妻两个根本就存不下多少钱。可是当孟大姐一开口谈到家里的经济状况时，儿子一脸不解，他不清楚房贷是什么，也不知道为什么父母总是喊着没钱，他甚至有点委屈，觉得自己以前也是这样花钱的，而且同学们的消费标准也是这样的。

类似的情况在很多家庭都存在，一些富裕家庭的孩子甚至认为只要问父母要，钱就会有，至于钱从哪里来，他们一概不知，也不知道父母平时如何花钱、如何理财，他们对于财富的控制能力和管理能力非常差，或者说根本就没有建立理财的意识。在这种环境下成长起来的孩子，对于财富的认知非常浅薄，甚至容易产生一些物质化的心理。

要想让家庭的财富得到合理的传承和发展，无论是哪一种家庭，都要懂得给孩子从小灌输相应的财务知识和理财意识，要让孩子接触钱、认识钱的作用，要告诉孩子家庭的经济状况。当孩子从小就形成一个比较清晰、系统的财富观时，自然会对钱的支配和管理有更深刻的认知。

要知道，钱永远是家庭生活中的一个重点内容，家庭成员中的任何一个人都有权利了解它的存在及作用，真诚的沟通能够使家庭成员对钱打造的这个生活体系产生更多的共识。更重要的是，父母的沟通与教育本身会让事情变得简单，也可以为孩子提前打好家庭理财的基础。

那么具体应该怎样去和孩子谈论钱的问题呢？

第一，不要回避家庭的经济状况，如实告诉孩子家里的财产和相应的开支情况。许多高收入的父母会隐瞒家庭收入，但孩子会意识到自己家里很有钱，当然具体如何有钱，也只是一个模糊的概念，但这个概念往往会让孩子觉得自己所花掉的任何钱都是父母轻易就可以挣来的，或者说他们可能觉得只要自己想要钱，父母就会给，从而养成花钱大手大脚的习惯。

一些家庭困难的父母也会隐瞒家庭收入的情况，通常的说法是告诉孩子安心读书，不要为家里的经济问题而担心，这样的孩子可能会对家庭的经济困难不知实情。

因此，父母应该实话实说，让孩子了解自己家庭的收入情况，帮助孩子了解钱是如何得来的，了解父母是如何花钱的，或者了解家里出现了什么样的问题，然后让孩子参与其中，一起来解决这些问题。

第二，不要总是在孩子需要花钱的时候采取回避的方式。如果父母觉得孩子不应该乱花钱，最好的做法是直接告诉孩子自己的想法，谈论自己对金钱的看法，同时也让孩子在谈话中去想一想这笔钱究竟该不该花。

有位单身妈妈独自一人辛辛苦苦将儿子抚养长大，当孩子问她要钱购买新的玩具或者漫画书时，她都会直接告诉孩子，自己最近的经济状况是难以负担这些额外开支的。当然儿子可以给出一个理由来说服妈妈为什么一定要购买这些玩具和漫画书。

在儿子与妈妈谈论这个话题的过程中，他很快就会意识到妈妈的艰难，以及自己的理由实在有些牵强，于是慢慢改掉了乱花钱的毛病。

　　第三，父母不要总是用道德标准来说服孩子，而要与孩子商量，或者给他们一些好的建议。很多父母在谈到钱的问题时，总是会反复强调节约是一种美德，或者在孩子面前刻意提到某个同学或者邻居的孩子非常懂事，从来不会乱花钱，然后通过这种对比来批评孩子胡乱花钱的行为。事实上，这些说教带有一定的攻击性，往往会让孩子产生羞耻感，甚至对父母的言论产生逆反心理，也会对钱产生一些错误的认知。要知道，那些高财商的父母从来不会鲁莽地将花钱与勤俭节约直接挂钩。

　　当然，关于消费方面的品德教育非常重要，但高财商的父母更加看重的是孩子的自觉性，以及孩子对钱是如何理解的。在涉及消费问题时，他们更希望听一听孩子的想法，让孩子谈论自己的"花钱计划"。在必要的时候，他们也会给孩子一些建议："你可以从中拿出一部分钱买一个作业本。""你愿意拿一点钱给妹妹买一盒饼干吗？""我觉得你可以将其中一半的钱存下来，到了下个月，也许你可以买一个更大的玩具犒劳自己。"但他们不会强迫孩子必须照做，而是真诚地同孩子沟通、商量，倾听孩子的意见。

许多父母担心孩子乱花钱，担心孩子缺乏自制力，所以会隐瞒和撒谎，但这容易导致孩子对钱产生错误的看法，也会遏制孩子的理财思维。其实，主动而真诚地与孩子谈论钱，听一听孩子对钱的看法和支配方式，适当给孩子提供一些好的建议，反而可以帮助他们变得更加成熟，并帮助他们提升财商。

第34堂课
授人以鱼，不如授人以渔

有一家大公司的总裁想要将企业交给其儿子打理，但是他给儿子提出了两个要求：第一，必须在公司一线接受至少5年的锻炼，不要妄想着一进入公司就能成为高管；第二，必须负责完成企业内部的一些大项目，不允许获得任何提携和帮助。

在之后的几年时间里，总裁的儿子经常亲自出去跑单子，与客户进行谈判，甚至还要去厂房里修理机器，清理库存。很多客户和同事在与他接触的过程中，一直都没有发现这个谦虚且勤劳的年轻人竟然是公司总裁的儿子。

经过8年的锻炼和打拼，总裁的儿子不仅顺利完成了父亲交代的任务，还帮助父亲开辟了不少新的市场。更重要的是，他发现了这家公司近年来遭遇的发展瓶颈，于是提出一系列"瘦身"计划和产业调整的方针，规划出一条更合理的发展道路。由于儿子的表现非常出色，总裁在65岁生日时，直接宣布将企业交给儿子打理。

可是总裁的儿子志不在此，打算自己创业。他利用这几年的历练，掌握了丰富的投资技巧和管理技巧，还积累了一大批优秀的客户，认识了很多出色的企业家。就在父亲打算退休时，他已经亲手开发了一个规模达数十亿元的跨国投资项目。

有句古话叫"授人以鱼，不如授人以渔"，这句话用在子女教育和家族传承上非常贴切，父母可以给子女创造非常好的生活条件，可以给孩子买车买房，可以给孩子留下一大笔财产，也可以为孩子以后的生活铺好道路，但是当父母不在的时候，当这些钱花完之后，子女该如何自己面对生活呢？

在现实生活中，存在很多"创一代、富二代、破三代"的例子。很多父母辛辛苦苦创业，积累了丰厚的家产，可是由于不擅长教育子女，使得子女缺乏独自谋生的能力，对于家里的财富也没有一个正确的认识，认为自己花掉多少钱都可以从父母那儿再要，结果当父母没有能力挣钱或者去世之后，这些子女就开始处于一种只支出无收入的状态，或者听从外人的指导，进行一些不合理的投资，很快就把父母留下来的钱花完。

财商所包含的驾驭财富和财富倍增的能力往往涉及一个时间轴，或者说是一种战略思维。就像一个优秀的企业家一样，他一定会要求自己的继任者具备良好的素养，不仅如此，为了使企业实现基业长青，往往会制定一些战略性的规划，比如提出一些重要的目标和方向，设计一条可持续发展的路线，同时加强对继任者的培养。他们考虑的不仅是自己任期内的盈利问题，还要考虑接下来的很长一段时间内，公司是否还能够保持强大的创收能力。如果一家企业没有未来，那么只能证明企业家缺乏战略眼光，没有考虑到长远的发展情况。

同样，如果父母不能看得更远，那么他们辛辛苦苦积累的财富可能很快就会被下一代挥霍一空，为了确保家族的财富可以不断延续和增加，那么就需要制定一个长期的家族发展战略。而高财商的父母，不会仅仅将财富继承的关注点放在资产上，而是会更关注财富的传承。会挣钱的父母肯定希望自己的子女也会挣钱，善于驾驭财富的父母也希望子女能够掌握财富增值的秘诀，管理并驾驭好财富。

有位公司的老总在55岁时让刚大学毕业的儿子进入公司工作。大家都认为，将来他一定会让自己的儿子接班。而他的儿子在公司表现得也很不错，赢得了其他股东和高管的认同。可是在他60岁准备退休时，大家才发现他将公司交给了另一位高管，而他的儿子则离开了公司，只享有20%的股权。

很多人都很诧异，为什么他要在将儿子培养成才之后让儿子离开公司呢？面对大家的疑惑，他非常坦然："公司接班人的选择必须慎重，我在50岁的时候就已经选好了最合适的接班人。至于我的儿子，我只是让他来公司锻炼一下，传授他一些经商的经验，这样他以后就可以自己去创业了。"

　　生物学家认为人的进化伴随着思维的进化，人类在发展的过程中，会不断将自己所学的技能传承给下一代，从直立行走解放双手，到第一次利用工具打猎、第一次利用火种、第一次抓捕猎物圈养，再到结绳记事以及科学文化的发展，每一个进步都是传承而来的。

　　在现代社会，人们在提升自己财商的同时，也需要将这种获得财富的能力传承到下一代身上。比起只关注资产继承的父母来说，那些更加注重培养下一代财商的父母，往往看得更为长远，他们对于财富传承的认知层次更高一些。

第35堂课
打造家族文化和企业文化

中国有一句老话叫"穷不过三代，富不过三代"，但其实在历史发展的过程中，许多大家族的财富延续了好几代，甚至在长达几百年的时间里都堪称名门望族。要知道在不同的商业环境和时代变革中，想要让家族的财富长时间延续下去并不容易，而最佳的传承工具就是家族文化，这是传承财富的最佳桥梁。如果说有强壮身体的人会将强大的DNA传给下一代，那么一个强大的家族同样会将家族内部的文化基因传承下去。

　　家住山西的曹先生，祖上出过很多有名的商人。如今翻开家谱，依稀可以看见家族在明清时期的辉煌。曹先生家里还留有一些重要的家规家训，其中就有很多关于经商的规定。比如在管理家族产业方面，要求必须实行账簿管理与报告制度，相关的费用和开支也要一一记录在册，平时关于应酬的开支、家族内的开销和供应，死亡者的家庭抚恤金，犯错者的处罚，这些都必须严格按照规章制度来执行，绝对不能私自制定标准。

　　与此同时，家训中明确了要讲究诚信，要以家国利益为先，要懂得义字当头；不能唯利是图，不能贪图小便宜，不能用一些不法的手段掠夺财富，也不能将没有能力的亲友故意安排到家族中经商，牟取私利的人会被商号开除。对家族成员来说，家族产业的信誉非常重要，为了维护信誉，哪怕是做亏本生意也在所不惜。在子孙教育方面，一定要培养孩子正确的财富观，要懂得勤俭节约，不能随意浪费，不能抽鸦片也不能赌博，以免将祖宗家业挥霍一空。

　　在曹先生的宗亲家庭中，几个叔伯家的堂兄弟都在外面经商，他自己也开了一家公司，大家一直都将家规家训铭记在心，而且他也要求自己的儿子必须学习这些家规，无论日后是否做生意，都要按照家规内的规定行事。也正是因为如此，他的儿子非常懂事，虽然家里的条件还不错，但在上大学期间勤工俭学，从来不会向曹先生要生活费。

良好的家族文化往往可以让孩子建立起正确的财富观和生活习惯，帮助孩子更好地认识财富在生活中的作用，以及驾驭财富的合理方式。

除了家族文化，还有一座财富传承的桥梁也很重要，那就是企业文化。企业文化是企业中关于共享观念、价值观、工作信念和行为准则的总和，它的存在有助于在企业内部形成一种共同的思维模式和行为模式，这样就能够引导企业内部的所有人为一个共同的目标而奋斗，按照一种共同的准则而努力。

不仅如此，企业文化还是企业发展所需要的黏合剂，它可以确保技术、创新、资金、管理、人才、资源等发展要素形成最优配置。与家族文化一样，企业文化并没有一个明确的界限，作为企业最重要的无形资产，它是企业保持基业长青的关键。

那些有上百年甚至几百年历史的企业，往往就是依靠强大的企业文化使企业的发展生生不息的。这些企业的每一任总裁，都需要将遵守企业文化当成重要的任务。日本和德国是拥有百年企业比较多的国家，这两个国家的百年企业都有一个重要特点——精益求精，它们做生意的态度就是不要求马上出成绩、马上就盈利，而是立足长远，沉下心来将产品做好，将事业布局做到位，争取为客户提供最优质的产品和服务。所以这些百年企业的每一任管理者，都会展现出工匠精神，都会将质量管理和服务管理作为工作重点。

对于普通的企业来说，如果想要让企业长时间保持强大的生命力，同样需要想办法打造强大又完善的企业文化。在企业文化中可以纳入更多促进企业发展的有益因子，如奋斗拼搏的文化、诚信经营的文化、服务至上的文化、质量优先的文化、公平平等的文化等，其中关于财富增值和商业管理的文化，可以作为重点打造的部分。

1982年，58岁的唐先生在青岛经营一家食品店。店里的食品很好吃，而且价格便宜，不仅如此，每次推出的新产品的价格必定低于市场同类产品的价格，这几乎成了店里多年来的一个惯例。

很多人一开始都不理解，毕竟新产品往往可以催生新需求，进入市场之后应该涨价，而且即便涨价也会被消费者接受。但唐先生并不这么想，他多年来一直坚持以最优惠的价格为宗旨，不会打着新产品的幌子涨价。

正是因为如此，唐先生的食品店生意一直都是当地最火爆的，而且因为味美价廉，他在其他城市相继开了几家分店，将自己的食品品牌越做越大。退休之后，他将连锁店交给了自己的侄子打理，并且要求侄子必须将新产品低价销售的习惯延续下去。如今侄子也退休了，这个品牌传到了第三代人手里，而第三代掌门人依靠唐先生传下来的规矩，成功地将分店开到了美国唐人街。

其实财富的传承，很多时候都离不开财富文化的传承。一个出色的商人，一家优秀的企业，可以没有太多的市场资源，可以没有充足的资金，也可以没有技术上的领先优势，但文化不可或缺，它是引领财富传承和发展的重要基础。从某种意义上来说，财商本身就属于一种文化。

第36堂课
注重对财富进行合理保护

有一位企业家经过几十年的打拼，拥有丰厚的资产。可是他的三个儿子都不争气，都是不务正业的纨绔子弟，根本无法打理家族生意，也无法守住他辛辛苦苦攒下来的家产。

为了避免自己死后三个儿子很快就会败光家产，甚至会因为财产分配问题而产生纠纷，他做了一个决定，那就是将自己的企业和大部分房产变卖，然后将这笔钱全部交给一家信托机构管理。

信托机构按照企业家的收益分配计划，定期向企业家的三个儿子支付生活费，等到孙子孙女辈的孩子上学或者创业时，再支付学费以及创业资金。而创业项目需要经过信托机构的评估与审核。

通过这种形式，这位企业家保证了三个儿子的正常生活，防止他们争家产和把家产败光，同时也给予第三代更好的成长环境。这样的安排虽然也是迫不得已，但是对家族财富的延续起到了一定的保护作用，他觉得如果儿孙以后有出息，那么就不需要依靠他留下的财富来生活；如果儿孙一辈子碌碌无为，也不用因为没钱过日子而穷困潦倒。

现如今，越来越多的富人借助信托机构或者基金来保护财富，这成为保护家族财产不会被快速消耗的一个有效方案。

富人把私人财产委托给信托机构保管和处置时，信托机构会严格按照委托人的意愿，为委托人指定的受益人或者特定目的，去经营管理和处置相应的财产。信托能够确保财富的相关信息安全，而且具有不受司法追诉、阻断债务追索、指定受益人权利不被剥夺等诸多功能，可以很好地避免家族财富的流失。

一些富人会将遗产委托给私人律师来处理，律师会严格按照委托人的意愿进行合理的财产分配，其功能与信托机构差不多。信托或者委托的具体管理方式往往因人而异，比如一些人可能会让信托机构在自己孩子长大之后把钱全部拿出来，或者只有当孩子达到某个要求时，才能完整地继承遗产，但万变不离其宗，都属于代为保管的方式。

教育基金、养老金、保险也是比较常见的财富保护方式。一些人担心自己以后会丢失工作，担心自己的企业会破产，担心一些未知的风险会影响家庭财富，为了避免日后出现经济危机影响孩子的学业，他们会提前布局，帮助孩子做好教育方面的保障。养老金则是对自己和家人年老时的财富保护，避免老年生活因没有固定经济收入而陷入窘迫。而保险是对意外事件带来伤害的防备，健康方面的保险、意外险、财产损失方面的保险都要涉及，尽量确保意外发生时可以减少钱财上的损失。

廖先生和妻子经营一家小工厂，生意时好时坏。虽然这些年攒了一笔钱，但是工厂究竟能发展到什么程度还很难说，以后会不会倒闭也没人知道。为了给以后的生活提供基础保障，夫妻俩商量拿出一笔钱给孩子购买教育基金，确保孩子以后能接受比较好的教育。另外就是为自己购买医疗保险和养老保险，这样以后即便家庭收入不高，也不会给孩子造成很大的负担。

家族基金更多的是承担家族财富分配的功能。一些家族会选择有能力的家族成员来掌管家族基金，然后将基金中的资产以及相关的收益按照比例分给每一位家族成员。这样做既能够保证家族财富的持续增长，也能够确保家族内部财富的合理继承。

还有一种方式就是财产和股权的转移，即将自己的财产转移到那些能够更好地经营它的人手中，但这种转移往往是以占股和分红的形式存在的。

有一位企业家只有一个女儿，他原本想要将公司交给女儿，但是女儿根本没有能力来打理公司，也不具备将公司进一步发展壮大的能力。为了避免自己几十年苦心经营的企业后继无人，他最终将企业交给了一位值得信任的人打理，而女儿则在企业中拿着部分股份，每年固定拿到分红。

　　财富的保护问题一直都是财富继承中的一个重要话题，无论是为了让财富继续增值，还是为了让家人获得持续的保障和收益，都离不开财富保护。

　　简单来说，当家族内部没有人能够确保财富的增值和延续时，出于维持家族基本运作以及保护家族财富的需要，使用一些相对保守的管理方式来保障家人的基本生活是十分必要的。而如果子女有能力继承财富，有能力使上一辈的财富增值，那么关于财富保护的一些措施就可以适当免除，简单的财富交接和继承就可以解决问题了。

　　财富家庭对于财富的保护体现了一种忧患意识，体现了对未来不确定性的担忧，而这种忧患意识本身就是确保财富延续的必要武器。在过去，很多富裕人士在投资失败或者破产之后会一无所有，整个家族也会跟着落魄，但是如今很多人有了提前保护财产的意识，从而为自己和家人的长期生活做稳妥的部署。即便是一些经济条件一般的人，为了让财富处在一种可控的状态中，也会通过保险和基金来保证自己的财产不会出现大幅度缩水的情况，这些保护行为本身就体现出了高财商。

相关阅读

高财商是如何养成的

● 把知识框架与工作实践结合起来

高财商是一种非常重要的素质，它代表了人们对财富的一种高层次认知，但是关于财商的提升，往往会引起大众的误解。一个比较常见的误解就是，多数人会觉得自己之所以财商不高，之所以与财富无缘，最重要的原因就是自己没有更多地了解经济学等方面的知识，对于理财、投资、创业等知识不够了解，因此他们更愿意将精力花在学习更多知识上，但这并没有为他们带来好运。

"我每天都在阅读关于如何获取财富的文章、书籍以及专业性很强的经济学书籍，还听了很多专业讲师的讲座，为什么我的投资总是失败呢？"

"我是一个经济学专家，对于经济方面的知识非常了解，我还拿到了哥伦比亚大学MBA的学位，可是为什么我始终发不了财呢？"

"为什么我给别人讲解经济学知识的时候，他们都在操作中获得了成功，而我一个堂堂的经济学讲师，却总在现实的投资当中栽跟头呢？"

这些是比较常见的现象，一些人觉得自己明明已经对基本的经济学知识有了一定的了解，在现实操作中却发现所学的知识要么用不上，要么用了也不起什么效果，有的甚至产生了负面影响。

在培养财商时，学习专业知识是一个必要的过程，经济学能够挖掘资本市场运行或者说整个社会运行的本质以及相关的规律，在经济学中各种商业操作规则更是遵从了事物发展的必然规律，遵从了社会发展和变化的客观事实，人们所掌握的商业原则和操作模式有助于实现资源的合理配置。

而对于个人来说，高财商就是对资本、技术等资源的掌控，说得更加通俗一些，高财商就是指把握挣钱的机会的能力。可以说财商本身是需要以经济学知识为基础的，但只靠书本上的知识是不够的。

江小姐为了更好地帮助男友炒股，在上班之余恶补了一年半的炒股知识，不仅每天晚上听一些网络导师的炒股课程，还专门购买了国内外一些炒股"大师"的著作。终于，她对股市的一些基本概念和基本规律有了较深的理解，还掌握了好几种炒股技巧，但当她开始帮男朋友炒股之后，才发现根本不是那么一回事，自己屡屡错过最佳的投资机会，或者因为来不及抛售股票而被套牢，江小姐觉得很郁闷，她和男朋友两个人也闹得很不愉快。

骆先生在杭州市滨江区开了一家服装店，生意一直都很不错，因此他打算多开几家分店来提升销量。在咨询了一些专业人士后，他先后在苏州和福州开了两家分店，结果这些分店连续三年都在亏损，他十几年来赚的钱都亏得差不多了，最后只好关闭这些分店。骆先生非常生气，觉得那些专业人士欺骗了自己，甚至到处宣扬他们是骗子。

其实上面案例中的两个人完全混淆了财商和经济学知识，在他们看来，只要自己对相关的理论知识有了一定的了解，财商自然就会得到提升，但真正的财商不是指学习多少经济学概念、了解多少操作手段、掌握多少商业法则，财商必须在实践中去培养和建立，理论知识必须融入实践中。

有些人可能会质疑，为什么有很多企业家和创业者愿意去一些所谓的商业培训班上课呢？其实这些人一方面是为了学习一些经济学知识和管理学知识，另一方面是为了获得优质的人脉资源，毕竟去上课的人大多是企业家，他们自带光环或者拥有优质的社会资源，将来可能成为业务上的合作伙伴。

一个人可以向比尔·盖茨学习，可以将马云的商业经融会贯通，可以把李嘉诚的挣钱秘诀研究得很透彻，也可以将最权威的经济学著作背得滚瓜烂熟，但是最终会发现哪怕是照葫芦画瓢，自己走上的也可能是一条与预想的截然相反的道路，因为每个人所处的环境，拥有的能力、资源、性格、机遇、优缺点等都是不同的。

财商不仅是一种知识架构，还是一个实践体系。高财商不是从书本上学来的，而是在实践中形成的。这种理论与实践的结合，主要体现在以下两个方面。

一方面就是自己所处的环境和具体的情况与其他人是不同的，自己的能力和资源也与其他人不同，这种不同就使得人们要懂得将所学知识运用到现实中，要和现实情况联系在一起。

另一方面就是现实的不断变化。知识有一定的局限性，有的知识只在特定情况下是正确的，或者能发挥正确的作用。就像巴菲特的投资之道一样，一般人即使学会了也很难有机会去实践，或者说没有那样的财力去运作。

可以说理论知识能否产生实际效益，主要在于能否和现实融为一体。真正高财商的人，不仅对相关的理论知识比较了解，还能融会贯通，在现实中举一反三，运用得恰到好处。

● *每一次挣钱和亏损，都要及时总结经验*

在谈到一个人是否能挣钱时，人们常常会这样说："这个人智商不行，不够聪明，不是挣钱的料。"智商具有一定的天然性，虽然可以进行智商提升训练，但是训练的效果并不算明显。一个人从3岁到30岁，再到80岁，虽然技能得到提升，知识量变得丰富，阅历不断增加，但是智商本质上并没有出现大幅度的增长，而情商、逆商以及财商都是可以通过长时间的历练和积累得到提升的。

财商的提升是一个从量变到质变的过程，也是一个人从成长到不断成熟的过程，离不开个人的经验总结。总结是成长的必要方式，但很多人往往会忽略这一点。

黄先生在大学毕业之后，向家里要了几万元，然后自己贷款十几万元，和同学一起做生意。由于缺乏经验，做事比较冲动，这笔钱很快亏损一空。但黄先生没有反省自己的问题，而是认为自己运气不好。

之后他老老实实上了几年班，好不容易将银行的贷款还清之后，又开始与人合伙创业，做起了贩卖水果的生意。但是由于没有对水果市场及运输业进行深入了解，水果生意一直做不起来，亏的钱虽然不多，但白白浪费了两年时间。就在他打算重新找一份工作安安稳稳上班时，他的姐夫准备出售一家门店，黄先生二话没说就接下了这家店，结果这家原本生意还不错的店，到了他手里就成了一台吞钱的机器。

连续几次的亏损，并没有让黄先生长记性，他也从来不去认真分析为什么别人都能挣到钱而自己却做不好这些事情。更多时候，他觉得自己只是运气不好，因为他认为自己一直都很努力，而且全身心地投入每一次的创业之中。但熟悉他的人都知道，黄先生缺乏一种自省的态度，遇到亏损也不会去反省自己在哪些方面做得不好，自己忽略了什么要素，或者自己还缺少什么。由于不善于总结经验，他的生意头脑仍旧停留在最初的那个阶段，投资什么就亏什么。

这种"倒霉"的生意人在生活中还是比较常见的，他们的最大问题在于不会珍惜自己每一次的实践机会，不会对自己的商业行为进行总结，无论是自己挣到钱，还是面临亏损，都会用运气不好敷衍过去。这样的人往往缺乏驾驭财富的能力，也没有自我认知的勇气。

真正懂得挣钱的人，真正善于管理和驾驭财富的人，都有一个良好的自省习惯，他们会珍惜自己的每一次操作，无论这些商业操作是成功还是失败，都会及时进行反省与总结。

在这个反省和总结的过程中，对自己的商业操作进行复盘是一个非常重要的环节，它是人们提升驾驭财富能力的保障。即便是最出色的投资者、最出色的企业家，也不可能一开始就拥有出色的经营能力和获利能力，他们成功的每一步都是通过自我总结、自我积累来完成的。

"复盘"其实是一个心理学名词，主要是指人们将自己过去所经历或者所做的事情在头脑中回顾和梳理一遍，重点是要对自己当时的思维模式和行为模式进行仔细回顾，看看哪些环节做得不够到位，哪些环节出现了重大错误，哪些环节则做得非常出色。在出现了问题的环节上，他们需要花费更多时间进行反思和分析，找出其中的原因，并寻求自我改善和自我提升的方法。

复盘其实比单纯的回顾更加高级，它涉及一个推演的过程，不仅需要对过去经历的事情进行总结，还要对这些事情中的重要环节进行各种可能性的分析，争取找出不同的方向，并预想自己在不同方向上的努力所产生的结果。这种方法不仅可以用来纠错，还能够提升人们的分析能力和思考能力，帮助人们在驾驭财富的问题上做出更好的选择。

S先生身家丰厚，是广东某地有名的富豪，很多人都对他的成功史很感兴趣，而S先生给出的秘诀很简单，那就是多想想自己过去投资失败的原因和成功的原因。

S先生在过去20年的时间里大约投资了不下50个项目，这些项目有的为他带来巨大的收益，有的几乎让他倾家荡产，但每一次S先生都不会过多关注结果本身，而是对这些投资项目进行分析和总结，并看看自己应该怎么做才能提升成功的概率。

他有一个很好的习惯，那就是将自己过去的投资项目的细节记录在册，并且特别关注那些导致失败的细节。多年来，他已经记了好几本笔记，都是一些投资项目的关键操作。他经常会对着这些笔记进行复盘和推演，看看通过何种方法能使投资效益更好一些。在S先生看来，即便是经验再丰富的投资高手，也会经常做出一些错误的投资决定。重要的不是想办法逃避错误，而是在错误中总结宝贵的经验。

　　真正高财商的人往往经历过各种各样的历练，无论是对金钱的管理，还是进行各种投资和创业，他们都积累了丰富的工作经验，对于自己应该投资什么，应该怎样投资，如何确保效益最大化，都有着明确的认知，所以他们会形成自己的一套驾驭财富的方式，这种方式未必就是标准，但的确是非常好的经验。

● 培养良好的理财习惯

　　在谈论财富的问题时，很多人常常会忽略一个重要的概念"财富的效能"。财富本身的范畴很广，种类也很丰富，但无论是哪一种财富，都可以成为改善生活、提升自身价值的工具。当很多人强调自己拥有巨大财富的时候，更高层次的人在思考如何用财富创造更大的财富和价值，如何把财富的价值进行最大化释放，如何将财富与生活巧妙地结合起来。这就是财富的效能，是使人们增强财富认知能力的一种表现，而实现效能的最佳方式就是理财，并且是科学、合理的理财。

张大姐在一家外企上班，月收入超过2万元，她的丈夫也是一家企业的管理层，因此关于家庭的日常开销和房贷，都不用张大姐自己操心，按理说她每个月依靠自己挣的钱就可以活得很滋润。可事实上，张大姐几乎每个月都会缺钱，到了年底也存不下什么钱，就连给孩子买衣服的钱也常常拿不出来。丈夫对于张大姐的情况非常不满，两个人为此经常吵架。

其实张大姐之所以会存不下钱，主要原因就在于她经常购买昂贵的衣服和化妆品，以及大量彩票。张大姐每个月花在衣服和化妆品上的费用就要超过5000元，而且每周要去做一次美容和保养。她希望自己能一夜暴富，过上更好的生活，所以每周还要购买一大堆彩票，每月这项开支也超过了1500元。正因为张大姐花钱不节制，而且还经常把钱花在一些无意义的事情上，丈夫看了自然免不了要生气。

张大姐的妹妹生活比较拮据，每个月的工资不到8000元，年终奖也才2万元。虽然她还没有结婚成家，但是非常注重理财，平时很少购买名贵的化妆品和衣服，日常所有较大的开支都会经过仔细核算。不仅如此，她还购买了一些收益比较稳定的理财产品，年化收益率有9%。她还拿出积蓄和同事一同购买了一家商铺，如今每个月收到的租金也有4000元左右。所以相比于姐姐每个月的高额支出，她每个月获得的收益都足够自己的日常开销了，年底还能存下10万元。

在日常生活中，类似的现象很常见，一些高收入的人经常将日子过得很紧张，而那些看上去工资不高的人，反而可以存下更多的钱，这就是理财水平不同的表现。拥有良好理财习惯和理财能力的人，自然会在驾驭财富方面做得更加出色，展现出高财商的一面；那些不善于理财的人，则容易出现各种经济问题。那么什么是理财？理财究竟应该怎么做呢？

其实，理财就是赚钱、省钱、花钱之道，是一种管理钱财的方式。理财是一门科学，因此我们需要用科学、理性的态度去面对。不过对于很多人来说，理财常常会成为其家庭经济生活中的一个弱点。

一些人在生活中常常有以下行为：消费时欠缺自制力，容易过度消费，导致开支超出了收益，或者影响了自己的正常生活。最常见的就是购物的频率太高，原本只想买一双名牌鞋，却兴致勃勃地买了两双；见到喜欢的东西就抑制不住冲动购买。

还有一些人消费时对资金缺乏合理分配，容易顾此失彼，导致日常生活失衡。一个人可能会将自己的工资分成好几份来使用，需要拿出几千元支付房贷和车贷、几千元用于每个月的家庭日常生活开销，需要留出一部分钱支付孩子的教育费、一部分钱治病、买药，还要存下一部分钱，剩下的一些钱可以购买自己喜欢的东西。但是很多人可能会在某一项上花费过度，导致其他几项捉襟见肘。就像一个人隔三岔五带着朋友去吃海鲜大餐，那么其他几项开支就会被压缩到所剩无几。所以，合理的资产配置比例是理财的一个重点，那么怎样的比例才是健康、安全的呢？

对于这一点，每个人都有自己的看法，不过在标准普尔家庭资产象限图中，专家给出了一些建议。如图5所示，家中20%的钱是保命的钱，必须储存起来或者用于购买保险，以应对疾病治疗、家庭救急等一些意外情况。10%的钱用于日常开销，比如买菜、交水电费、看电影、买衣服，不过现实生活中可能房贷就占日常开销的很大一部分，一些低收入家庭在日常开销上的花费占比可能更大，比如一个家庭只有一个人上班，工资只有3000元，那么拿出10%的钱维持一家人的日常开销显然不够。

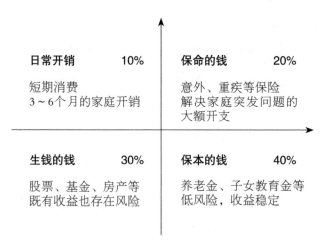

日常开销　　　10% 短期消费 3～6个月的家庭开销	保命的钱　　　20% 意外、重疾等保险 解决家庭突发问题的 大额开支
生钱的钱　　　30% 股票、基金、房产等 既有收益也存在风险	保本的钱　　　40% 养老金、子女教育金等 低风险，收益稳定

图5　标准普尔家庭资产象限

接下来就是生钱的钱——投资类的资产，占30%，一般包括股票、基金、房产等，将这部分钱用于投资，就是要尽可能地让部分财富源源不断地产生更多的财富，从而保障整个家庭的正常运转。最后一部分属于保本的钱，占40%，主要是养老金、子女教育金等。但很多家庭实际上没有按照上述比例分配家庭资产，导致整个家庭的资产配置比例失衡。

在资产配置以及整个理财体系中，增加收入是非常重要的内容，许多人每个月领到一笔固定收入，并将其几乎全部用于各项开销，这样无疑会使家庭财富蓄水池中的"水"无法增加，不利于家庭的正常运转。一旦家庭出现变故，或者家庭成员丢了工作，就会导致整个家庭失去足够的资金来源。许多人会觉得："我现在还完房贷、交完孩子的学杂费，就不剩什么钱了，哪儿有多余的钱做其他事情？"越是经济困难的家庭，越应该想办法创收，而不是一味节衣缩食。

开支不合理，再加上缺乏持续的收益，就容易导致个人乃至家庭的经济生活出现问题，因此人们需要在日常生活中逐步培养好的理财习惯，用合理的方法掌控自己的财富。比如可以按照标准普尔家庭资产象限图，再结合自己的实际经济情况，对自己的家庭财富进行系统而明确的管理。最基本的一种做法就是将自己的每一笔大开支和收益写下来，然后进行分析，看看哪些方面是需要花钱的，哪些方面则可以克制，投资是否可以减少，储蓄能否适当增加，保险有没有按照实际情况来购买等。

另外，良好的理财习惯还包括规律的形成。简单来说，当一个人对资产进行合理配置之后，可以按照实际情况不断进行调整。而一旦这个配置方式比较稳定，那么就应该固定自己的日常开支和投资，在短期内形成一种规律，就像一些人坚持每天只喝一杯咖啡，每天只花20元买菜，或者每个月最多只花4000元炒股。只有形成规律，人们才能真正养成习惯，如果每一天的资金支配方式都不一样，那么所谓的"培养良好的理财习惯"就会成为一句空谈。

● **记录自己的每一笔开销**

虽然理财包含了消费和收益，但是在日常生活中，关于理财的大多数问题都出在消费上。不恰当的消费方式，往往会使个人的投资收益受到影响，因为不良的消费方式常常会压缩个人的投资空间。正因为如此，很多人都会说："看一个人是否有财商，就要看看他是如何花钱的。"

消费问题一直是非常热门的社会话题，尤其是年轻人的超前消费以及过度消费行为。大家经常用"月光族""剁手族"等词汇来描述这类群体。"月光族"是最典型的过度消费群体，他们有自己的工作，有一定的收入来源，但是没有合理的财富支配计划，导致每个月到手的钱都会像流水一样花出去。他们要么喜欢购买一些昂贵的奢侈品，要么热衷于追求生活情调，导致生活中的其他开支受到制约。

在杭州工作的汪小姐是一家公司的普通职员，平时工作比较忙，收入一般，但是仍旧会抽出时间享受自己的私人生活。比如经常外出看电影，购买一些昂贵的首饰和衣服；在每天下班之后，她还会约上几个好朋友去喝上一杯咖啡；更别说隔三岔五还要购买一些美食和化妆品。她经常在朋友圈中分享自己的精致生活，但实际上，在每个月的最后一周，她几乎都要吃泡面度日。

而汪小姐的朋友更过分，经常会刻意营造一种小资生活氛围，但这种小资生活的背后都是一笔笔欠款，数张银行信用卡已经被刷爆，经常是拆西墙补东墙。

　　将如今一些喜欢超前消费和过度消费的年轻人直接当成"拜金族"，似乎有些勉强，这些人身上的重要问题在于没有一个明确的消费观，而这种消费观缺失的背后实际上就是对财富的错误认知以及财商的低下。最简单的一点就是，他们从来不懂得依据自身情况进行资源的合理分配，这些人为了吃上一顿大餐，或者为了购买一条项链，可能会连续十几天都吃泡面；为了购买一部手机，可能就会进行网络贷款。他们对于金钱没有最基本的了解，也缺乏支配能力，更没有考虑过财富增值的事情。

　　适当抑制消费欲望，将每一笔花销梳理清楚，是合理理财的关键一步，也是提升财商的重要一步。因此，人们需要做日常生活开支的记录，简单来说就是有一个家庭账本。

　　在这个家庭账本中，人们需要将每天的花销记录清楚。这样做的目的有两个：第一，可以了解自己究竟花了多少钱，这有助于对自己的消费行为做一个评价，当消费超过预期或者超过了日常水平，就需要进行适当的缩减和克制；第二，通过记录可以看清楚自己究竟把钱花在了什么地方，是否花在了不该花的地方，整个消费体系是否失衡，资产配置是否合理。每天坚持记账的人，往往可以非常高效地管理自己的资产，不会在经济问题上丧失主动权。

每到年底，R先生都会后悔自己没存下多少钱。他向朋友诉苦，朋友告诉他一个办法，那就是无论是哪种花销，都需要做一个清晰的记录。

当R先生照做之后，第一个月仍旧没有存下什么钱，而且连续半个月都处于入不敷出的状态。到了第八个月的时候，他还是没能存下钱来，这个时候朋友建议他认真查一查自己之前八个月的账目，看看其中的规律。结果他发现自己每个月至少有2/5的钱都用在购买一些其实并不那么迫切需要的东西上，包括购买后只用过一次的领带、购买后从未用过的健身器材、频繁参加一些没有实际意义的饭局等。另外，他对于投资非常感兴趣，但是从来不会认真了解投资项目，总是人云亦云，一般都是投资同学或者同事推荐的项目，而且这些项目大都效益低下。

在总结了过去八个月的开支之后，R先生突然意识到自己身上竟然有那么多的问题，以前自己从未关注过这些。所以在接下来的一段时间，他开始有意无意地减少不必要的开支。平时不再购买自己不怎么需要的东西，也不再参加那些无聊的饭局。不仅如此，他还特别关注自己的投资项目，不再盲目信任他人推荐的项目，而是自己分析和考察，尽量投资那些有把握的项目。经过一年多的记账，他的经济状况开始好转，很多不良的理财习惯都改掉了，他的资产也开始慢慢增长。

记账的问题很容易被人忽略。很多人会觉得反正最终都是要花钱，记不记下这些数字又有什么关系呢？毕竟爱花钱的人无论如何都还是会继续花钱的，但记账最重要的目的是了解自己的消费习惯，帮助自己建立起一个更加细化的理财计划，这种方式可以让人们有更加清晰的个人账目，从而在宏观上建立起对个人财富的正确认知。

● 高财商是可以在协作中培养出来的

庞先生是一家投资公司的总裁，多年来，他在投资领域硕果累累，很多著名的投资项目都出自他的手笔，许多人甚至将他的投资当成业内的风向标，只要他选择了某个项目或者做出了某种决策，就意味着该项目会存在一些变化。事实上，他在多数时候都走在了正确的道路上，因此越来越多的人愿意跟着他的足迹进行投资。

不过，在资本市场的角逐和竞争中，他的身边始终站着一个强大的帮手，那就是自己最初的合伙人费先生。庞先生非常擅长长线投资，他的投资都是长线持有的项目，而且集中在科技领域。在很多时候，少数一些短期投资和其他项目也非常有潜力，可是庞先生因为自己的投资习惯而一概不碰，他觉得科技就是最大的市场，这一点在未来很长一段时间都不会发生变化。

可是当他遇到费先生之后，这种想法慢慢发生了改变。费先生非常认同科技投资，但他觉得其他项目同样可以尝试，如零售行业、共享业务、租赁业务，还有就是小型航空公司。多年来，他一直都在积极向庞先生推荐好的项目，极大地拓展了庞先生的投资空间。而庞先生将其视为最重要的伙伴，但凡有什么重要的投资项目，最先想到的就是让费先生帮忙做最后的审核。不仅如此，他还放心地将一些投资大权交给对方，两个人在协作中共同把握投

资方向，厘清投资脉络。而这些年的配合，让两个人可以
互补长短、共同进步，庞先生开始更加大胆地涉足一些此
前从未触碰的领域。

很多人会陷入一个误区，觉得提升财商就是自己的事
情，需要自己在实践操作中去摸索和领悟，但实际上任何
一个人都存在思维定式，个人终归会存在思维的局限性和
一些认知上的错误。人们在投资过程中不仅需要就某些问
题向他人请教，还需要想办法与他人协作，并在协作中获
得成长和提升。

世界上很多伟大的商业组合中，都存在这种共同提升
的现象。比如谷歌公司的创始人佩奇和布林，微软的创始
人盖茨和艾伦，苹果公司的乔布斯和库克，伯克希尔·哈
撒韦公司的巴菲特与芒格。这些伟大的组合都具有极强的
互补性，而且双方都在协作中获得了足够的成长。可以
说，财商的提升有时候类似于武侠小说中的两个人共同修
炼武功，双方需要在实践中紧密配合、相互补充，才能更
为系统、全面地提升财商水平。

在谈到自己的成功时，巴菲特强调："芒格拓展了我

的视野，让我以非同寻常的速度从猩猩进化到人类，没有芒格，我会比现在贫穷得多。"而芒格对这位老友做出的评价是："和巴菲特共事这么多年，我觉得自己只是一个脚注。"而在现实的投资生活中，两个人也是通力合作，巴菲特野心勃勃，具有极强的好奇心和灵敏的市场嗅觉；芒格非常理性，而且具有更加开阔的思维，思考和分析能力非常强大。这两个人在一起，自然会产生化学反应。

在现实生活中，每个人对于财富的态度都不可能完全相同，每个人在获取财富方面的策略都会存在差别，有的人更加激进，有的人更加保守；有的人倾向科技类的投资项目，有的人倾向生活化的投资项目；有的人喜欢短线投资，有的人喜欢长线投资；有的人擅长抢占先机，有的人则善于后发制人；有的人善于制定策略，有的人更注重实践。不同的人有着不同的优势和劣势，但最重要的是进行协作。

财商本身是一个很宽泛的概念，具体的标准也很模糊，不能说短线操作一定就是错误的，也不能说创业就一定比打工更好。真正的高财商是一种经济平衡思维，就像一个喜欢风险投资的人，如果没有一个合理的刹车机制，那么往往也会陷入破产的困境。这种平衡本身是需要协作的，需要借助不同的思维方式和理念来丰富和完善自己的实践操作，通过合作来强化自身。

正因为如此，寻找一个合适的合作伙伴非常重要，这不仅会对自身业务形成强大的助力，而且会帮助自己快速成长，人们可以从这种合作中获得更多好的经验，获得更宽阔的视野以及更先进的理念。

就像巴菲特和芒格一样，在他们合作之前，巴菲特有过很多糟糕的投资及糟糕的合伙人，而芒格也没有太多的投资经验，可是当两个人第一次相遇和交谈之后，就彼此欣赏，巴菲特从芒格身上看到了自己所需要的那些特质，而芒格也知晓了巴菲特不同寻常的想法，两个人在那之后进行了长达几十年的合作，最终使得巴菲特成了世界上最伟大的投资者之一。

许多人都在寻找好的环境和机会来提升自己的财商，其实找到一个强有力的合作伙伴，找到一个能够与自己的思维互补、能力互补的人，也许才是成长中更重要的。

后　记

财商与健康指数的关联性

2011年10月5日，乔布斯因病去世，整个世界都为之感到惋惜。乔布斯患的是胰腺神经内分泌肿瘤，这种病并不难治愈，只要治疗及时，一般都会有很大的治愈机会。那么乔布斯为什么会被这种不算太难治疗的疾病所困扰呢？原因很简单，那就是乔布斯对于自己的疾病一直都抱着"非科学治疗"的态度。早在发现他患病时，医生就建议他动手术，他却一直都没有认真对待，觉得手术可能会让自己的身体受损，会影响自己对企业的管理，因此坚持采取食疗的方式，素食、草药以及各种奇怪的"灵药"，成了他的日常饮食，加上每天仍旧操劳过度，没有获得足够的休息时间，使他错过了最佳的治疗时机，最后只能选择切除胰腺。

几年之后，并没有消失的癌细胞扩散到了肝脏，乔布斯不得不进行肝脏移植（这个时候已经明显得不偿失了）。到了2011年，癌细胞开始向全身扩散，他再也无力借助医疗手段与疾病抗衡。乔布斯的去世和他对待生活、工作、疾病的态度有关，作为一个世界上最有价值之一的科技公司的联合创始人，他不允许自己的身体长时间停工，不允许自己错过管理企业的机会，每天睡眠时间很短。即便是患病期间，他也经常带病工作，正是这些因素使他的身体日渐垮掉。

与之相比，华为创始人任正非却走了一条不同的道路。任正非曾患上皮肤癌，并且先后动了两次手术，他始终坚持以最积极的心态和最认真负责的态度面对疾病，他放下工作，去最好的医院看病，邀请最好的医生操刀，服用最好的药物，并且用大量时间休养。作为一个工作狂人，任正非在生病之后想了很多问题，对自己的生命、生活和事业也进行了思考，最终找到了一个合理的平衡点。

在谈论财商的时候，人们并没有过多地考虑到健康的因素，而事实上，只有拥有强健的体魄，人们才有更多时间和精力驾驭财富，才有更多的可能来实施自己的财富倍增计划。如果对那些大富豪进行分析，就会发现一个人活的时间越长，他所创造的财富常常也就越多。当一个成功者活得越久时，他积累的财富也就越多，他也越有可能获得自己想要的东西。

一个显而易见的问题是，人们经常会强调自己在管理财富方面的能力、在实施财富倍增计划中的策略和思维活力，却忽略了时间和精力这两个要素。对于那些拥有强大经商能力和制造财富能力的人来说，时间无疑是最宝贵的。

最近几年，越来越多的人开始注重身体健康，如果说时间就是金钱，那么想办法给自己一个好身体，就是积累财富的最好办法。毕竟多活20年，就能够多挣20年的钱。

国内有很多从事金融工作的企业家说自己每天都要花17个小时工作，扣除1个小时的用餐时间、1个小时的放松时间，他们真正睡觉的时间只有5个小时。在金融行业，这样的人屡见不鲜，其他行业也同样如此，有很多企业家平时都非常忙碌，也许一个月抽出一天的休息时间也很难做到，而过量的工作直接导致其身体不堪重负。

如果将身体健康的概念进行转化，实际上仍旧是一个时间管理的概念，时间管理不仅强调对时间进行合理安排，在不同时间段做不同的事情，还强调对时间的控制，尤其是对工作时间进行控制。高财商的人在时间管理方面做得很出色，他们通过事先的合理规划，然后积极运用一定的方法、技巧与工具对时间进行灵活以及有效的运用，充分发挥有限时间的效能。当单位时间的效率得到提升时，人们将会腾出更多的时间休息和减负。而在一个不合理的时间管理体系中，不仅个人的效率通常难以得到保证，而且大量休息时间被占用，导致群体整体上缺乏协调性。不可否认一些工作狂人的工作非常有效率，但这种效率基本上都是一定时间段内的，如果将时间扩展到几十年或者一辈子，那么就需要考虑个人的健康和个人能力的使用年限问题。

现如今，越来越多的企业家和投资者发起了"健康生活"的倡议，他们开始改变自己的生活方式、调整自己的工作模式，开始每天坚持健身、控制好自己的饮食、适当增加休息和娱乐的时间，而这就是一个好的开始。例如，阿里巴巴集团的创始人马云喜欢太极拳，万科集团创始人王石喜欢登山，搜狐公司创始人张朝阳喜欢游泳。可以说，运动与休闲为他们带来了更轻松的生活方式，也让他们的工作有了更高的效率。

因此，笔者也积极考虑了将个人健康指数纳入财商评估的要素中，毕竟一个人对身体健康的认知，本身就和财富认知相关联。如今很多人都非常认同一句话："健康工作50年"，而不是"疯狂工作30年"。从现实的角度来说，当一个人的健康出现很大问题时，他往往也没有过多的能力和精力去驾驭好财富。事业的经营和财富的积累，本身就需要强健的身体去支撑，身体垮了，财富往往也就会远离。从某种意义上来说，那些高财商的人最大的一笔投资就是对自己健康的投资。